醫學小叢書

飲食與健康

張恩廷編

商務印書館發行

飲食與健康

序

近代文明，不斷地在剝奪我們健康的增進；如車馬的繁盛，減少了我們不少的運動機會；食品的精製，剝削了我們很多的切需養分；所以我們抵抗病菌的能力，日趨薄弱，隨時有發生疾病的可能。可是時代進展到現在資本主義的階段，什麼都須講經濟，而時間尤爲經濟可貴，要騰出平時一部分時間來鍛練身體，已爲時代所不容許，於是我們不得不向日常的飲食方面去注意了。

飲食與健康關係之重，從常言「病從口入」一語，已可覘得，不過這祇說吃了不適宜的東西，能致疾病，卻疏忽了最緊要的一點，卽不健康的身體，應吃些什麼能使健康？於是，輓近有食品化學的勃興，專研究和分析各種的食物。關於這類的學術和研究工作，在我國還少有人注意，各大學亦未設科講授，雖坊間有一二食品化學書本印刊，但多半論述食品之成分與分析方法，對於食品成分與身體健康之關係，概不提及，更未能引起一般人之興趣，使成爲通行的讀物。著者有鑒於此，遂有本書的編印。

本書的材料，大部爲前滬江大學化學教授鮑登博士特設之食品化學班講授的記錄，更參佐鮑博士所著的 Food Facts 一書，及國內各種衛生與食品等書籍，專述關於健康的飲食問題：如我人正常發育所需的食素，這些食素的取源與其缺乏、不足、和過剩的利弊；更敍述何者爲適宜的食物，如何選擇適宜食物，要避免疾病，應不吃那些食物，要達到健康，應吃那些食物，已有疾病，應避免和吃食那些食物；研究食物與烹調的關係等切實問題，而不作某種食物含有某種成分底比較空泛的敍述；所以名本書爲飲食與健康。

本書行文，力求淺簡，期引起一般人，尤其是婦女們的興趣，使成爲家庭的讀物，並可充作研究食品者的參考資料。至於著者學識淺陋，誤謬之處，尚祈讀者指正。

目錄

飲食與健康

第一章　健康與疾病

「你好嗎?」這一句普通的詢候語，表示一般人對於精神所寄託的軀體情況是頗注意的。可是這問題往往被人們漫無標準地或是隨便地以「很好」或「好謝謝」等等字眼，不切實的回答了。這是一句很普通的回答，雖然有時候回答人的健康同「好」相差尙遠。也許那天早晨他已便祕不爽，或是他的體量已極嚴重的過重或過輕，只是他的飲食、睡眠與工作尙能相安而已。這對於我們的健康標準是怎樣的漫無定言，而我們又如何的不經心喲!我們對於疾病未免是太大意了。

倘若我們想深一層，認定健康是體內一切細胞皆正常的盡其功能時的一種身體狀態，也許會使我們恍然明白，到底我們並不很健康。健康是我們切望着的目標，但不易得到。切實的說，沒有一個人是健全的，唯一的問題，是疾病程度的深淺而已。疾病就是健康的反面，無論若何的身體情況，若是體內細胞效能有失常的情形，那就是疾病了。

健康財富與愉快

健康爲成功的要素，成功有時也就是財富。眞正的成功，幾乎全是愉快的。有的時候，因爲要達到成功，致不惜犧牲健康，但是只有身體健康的人，纔能享受這成功的愉快哩。

記得一次有個貧者說：「我沒有別的，只有健康，這將永遠保持它。」任何人若有了健康，便不能算貧。健康的權利，貧者與富者是同樣能享受於天的，而貧者的生活狀況與富人的比較，往往反是容易達到健康。

曾經生病的人，知道貧而健康，較富而多病是好多了。身體不好的人，往往設法使身體好，身體好的人，卻不去設法使身體更好，臨到病時，纔想到自己的身體。

愉快是良好工作的副產物，可是身體不好的人，不能做成良好的工作。

保持健康是不費什麼的，實在因不健康而起的損失卻極大。由估計所得，英國的工人因爲居住及飲食不宜而起的疾病，每年時間上所受的損失，就有二千三百萬星期工資上的損失，約二萬萬五千萬元。許多的時候傾全世界的金錢，亦不能挽回已失去的健康，而要保持已有的健康，卻花費不多。

疾病的原因

疾病有如戰爭時的敵軍，是戰時損失的直接原因，但若有相當的防衞，敵軍便不能致害。防衞爲控制的因素，因此可以說是戰時損失的間接原因。

疾病的直接原因，即健康的敵軍，可分爲有生的與無生的，有機的與無機的，或依照其致病的機能，分爲(1)外傷的原因，如工作及遊戲時的一切意外，或動物的嚙傷等；(2)內生的原因，如生瘤等，此等原因，尙難明瞭；(3)接觸及傳染的原因，大半由於飲食及傳染而起，如：

飲食與健康

A. 微生物

B. 毒質

a. 微菌所生的毒

b. 獸畜

c. 無機的

C. 發炎

抵抗第一類原因的最好工具，全靠我們自己。一切安全的口號，都可以合成這一句話：「用你的腦力。」

在我國微生物卻是健康的最大仇敵，這許多微菌、酵素、霉菌、與其他的微生物，決不是任何殺菌藥劑所能完全撲滅的，也不是任何消毒藥品所能除盡的，所以在我國殺菌藥劑與消毒藥品，誠然是必需物，但是健康的身體，卻更重要多了。

△對於疾病的直接原因，可勿過慮，應當心的卻是控制疾病的因素，我們如果盡心研求，時時注

重則疾病就可減少了。

控制疾病的因素

控制疾病的因素有六：日光、空氣、水、睡眠、運動與食物。大多數的人，得受足量的日光、空氣、與潔水，運動也僅爲少數人所忽略。但食物一事，卻是大衆所最不講究的了。然而，這最被忽視的因素卻是抵抗疾病的一切因素中最重要的一個。

在中國新鮮的空氣很多，便是大城市內的空氣，也不怎樣的爲煙灰所汚穢。不過清潔的水，猶爲一問題，然而比較其他，則還可算是尙引人注意的啦！

在交通便利和工作需要久坐的今日，許多人都缺乏運動的機會，因爲缺乏運動，飲食一事乃更形重要。我們日必用膳三次，每個人都應多少知道一些關於食物的問題。我們可以不運動，但不能停止飲食。

得到充分運動的人，自然可以食不擇味而仍能保持健康，但是在勢須減少運動至最低限度的時候，我們對於食物就不能不十分重視了。近代文明不斷的在減少我們運動的機會，對於食物，卻又只求形式的精美，這些精製的食物，都失去牠們最滋養的成分，對於養生，是毫無利益的了。

第二章　食物與健康的關係

健康——抵抗疾病的準備狀態

關於健康，有下面兩個比較切實的解釋：

健康端賴體內之各種化學反應，其速度皆宜調整適當。細胞的分泌，細胞的呼吸，與細胞的營養，皆爲細胞內各種不同的化學反應。細胞的繁殖，與細胞的死亡，多少都爲化學方法所控制。

△健康有賴適當食物之供養，適當之消化和吸收這種食物，適當之新陳代謝與組織變換，和廢物的適當排泄。

△運動、睡眠、環境、與日光，全能影響上述諸作用，因而與食物同爲健康的要素。

不適宜的食物

飲食與健康

健康與疾病，是受同樣因素的控制，所以污穢的空氣、不清潔的水，和缺乏睡眠、運動、與日光等，都能影響人們的生氣活力和健康。不適宜的食物，不但減低身體抵抗病菌的能力，並且在許多情況之下，釀成各種官能病，或是由於使官能過勞，或是由於供養不足，使官能不能維持其正常的發長與功能。我們應選食適當的食物，否則，我們所獲得的惟有疾病。

飢餓

尋常稱飢餓，是含有吃食不足的意思，嚴格的說，凡應吃的食物而未吃，都可稱做飢餓。飢餓是身體營養的第一堅強的慾望，許多人吃食極多，但還是飢餓，肥碩的人，看去食養很好，若其體內缺乏鈣素，便還是飢餓，所以飢餓不是吃食多少的問題，而是已吃了什麼。往往使我們生病的，又不是我們吃了什麼，乃是未吃什麼，於是尋常家庭購備食物，便應注意所購的是否缺乏某種需要食素，決不能以所購的多寡，而定飢餓與否。

食慾

飢餓與食慾是兩個完全不同的東西，飢餓是食慾發展的前鋒，但是食慾與預有之嗜食意覺和食物的氣味有關，飢餓卻是一種戟刺，而無先前經驗。除非常常吃食適當食物，食慾是多不可靠的，很容易養成愛好任何食物的食慾。

天然食物

許多人嘗說飛鷹、烏鴉、松鼠等，從不講究食物，卻都育殖旺盛。森林中的猴類，不知道什麼是純潔食物，但是沒有人捕到有盲腸炎病的猴子。漁夫網魚，未聽說魚有什麼病的。馬不知什麼是肺病，羊也是這樣。我們的祖先，也從不講究適當食物，而我們仍很旺盛的生存着。

對於這一類的話，我們的答覆只有：他們吃食天然食物。天然食物含有人身適當發育與效能所需的一切物素。一般依賴天然食物的阿拉伯人，根本便不知道什麼是潰瘍、癌腫、瀉痢、腸炎、痛瘋、與腎病，因爲他們所吃的，大都是天然的無花果和棗椰子，若是他們離開他們的骯髒鄉村，而進居於城市，吃城市人民所吃的食物，便也會與城市人民同樣的容易爲疾病侵襲。古代的人吃食天然食物所以比較後來文化程度高的人少於生病。

我們不宜偏向一種食物凡適合於身體需要的各種食物都應選食精製的食物其天然元素已被剝去食久容易致病所以我們應食天然食物。將來科學昌明，或能製備一種理想的食物，不過在這種科學方法猶未發現之前，我們仍應多吃天然食物。

第三章　食物的分類成分與功用

食物的分類

食物根據來源，可分爲肉類、蔬菜類、穀實類、與水菓類。經化學分析，這些食物含幾種相同的元素，惟成分略有不同而已。這幾種元素爲：氧、水分、有機酸、醇、蛋白質、脂肪、碳水化物，鑛鹽、與維生素。

體內的氧，大都是由呼吸空氣，經肺部而傳輸至全身的。水分是尋常不視爲食物之一的，不過是調節身體進程上的一個極重要的東西。有機酸與醇，能激助食慾與消化程序，對於身體有與碳水化物同樣的功用。末了的五種元素，通常歸納爲五種食素，天然的產物，都含有這五種食素，以下數章將逐一敍述，本章先作一簡括的說明，使讀者明瞭以下數章所述要點的所在。

蛋白質　蛋白質爲建設與修理身體組織的食素，過剩的蛋白質不能貯藏體內。肉類、魚類、乳類、卵類、與幾種穀實，含蛋白質極富。

△脂肪　脂肪爲體內之燃料，供給身體熱與精力。未用去的脂肪，貯存體內，備他時之需。脂肪因不易導熱，故能保持體內的熱度，勿使散失。肥肉、堅果、乳油與油類，都含有脂肪。

△碳水化物　碳水化物亦供給身體的熱與精力，糖與澱粉，都是屬於這類的食物。極少量的碳水化物，能貯藏體內而仍爲碳水化物，過量的碳水化物，則皆變爲脂肪貯藏體內。

鑛鹽　鑛鹽爲組成骨骼和幫助消化的物素，並爲天然的緩瀉與調節物質，又爲發育的要素。新鮮的水菓與蔬菜，含鑛鹽最多，食物燒成的灰，亦含有鑛鹽。

維生素　維生素是在蛋白質、脂肪、碳水化物與鑛鹽四大營養素之外的一種新營養素，食物中這種新營養素的發見，僅不過二十年以前的事，那時候東西洋醫學家，研究腳氣病和食物的關係，知道食物中缺乏了一種營養素，便會發生腳氣病，德國化學家 Funk 氏，最先定這營養素的名稱爲 Vitamine，因爲牠含有鹽基性的氮，以爲係屬於胺(amine)的化合物，且與生命有密切的關係。Vitamine 即 Vital (life) 與 amine 的拼合字，後來發覺此物並非 amine 的化合物，爲避免誤會，遂將 amine 尾部的 e 字母删去，以後乃統稱這新營養素爲 Vitamin。Vitamin 的譯名沒有一定，有意譯爲「生命素」，或「活力素」的，有音譯爲「維他命」的，也有譯爲「維生素」的；「維生素」兼有意譯與音譯之長，比較的妥切，所以本書便採用之。

關於維生素，有很多可以敍述的，坊間的書籍，每多漏述與誤解的地方，因此本書特將維生素提前敍述。維生素的化學組織，迄今猶不很清楚，這點與大都的酵素、毒素與抗毒素類似，又相同的地方，是維生素也可以由其效用與生理特性來識別，這些是尋常人們極能感覺興趣的。

第四章·維生素

概論

許多人以爲味美的飲食，必含藏各種維生素，其實不一定。我們應該知道某種食物是含有某種維生素，和所用的精製與烹飪方法，對於這種維生素的影響是怎樣，否則，我們決不能充分的獲得這些給予我們生命和健康的物素。日常的飲食，若維生素含量不足，日久，對於生命與健康，有極大的危險。維生素因爲多餘的不能貯藏體內，所以每日飲食中，必須含有相當分量，以免身體漸趨不健康。

維生素的種類，直至最近，所知道的共有六種，將來也許更發現別種，不過最重要的幾種，現在已全知道了。這六種維生素，因爲其組合的元素，現在猶未能探悉，無從予以適當的化學名詞，所以暫時簡稱之爲維生素甲、乙、丙、丁、戊、與庚，待其組合元素知道後，便可如意的仿製，以適應我們的需要，現在我們需要的維生素，只得仍取給於天然的產物了。

維生素甲（Vitamin A）——發育或抵抗傳染病的維生素

維生素甲是最重要的一種維生素，缺乏這種維生素，健康與活力將大減色，歐美和亞東常缺乏這種維生素。

性質

維生素甲不能貯藏體內，能溶解於油脂，而不溶解於水，不受熱與乾燥的影響。通常的烹飪方法，對於維生素甲的損滅，不超過總量的百分之二十。精製的食物，如糖、澱粉、白麵粉、精白米等，缺乏這種和他種的維生素。

功用

缺乏維生素甲，健康與活力減色，身體各部的組織柔弱，機能減低，極利於病菌的侵襲。

維生素甲又稱爲抵抗眼病的維生素，因爲缺乏這種維生素，能發生各種眼病，如眼炎、眼瞼、眼盲、與結膜炎等。這些眼病的病菌，尤其是在我國，隨時存在着，惟有維生素甲的營養，能抵抗這些病菌的侵襲。缺乏這種維生素，又最能引起呼吸器官的疾病，如肺病與氣支管的疾病。我國眼病與肺病很盛，推想我國的飲食，必缺乏維生素甲。

維生素甲對於身體的發長與生殖的關係很大，缺乏了能影響卵之形成與輸出，而間接有礙於生殖。缺乏維生素甲，又容易患扁桃腺炎、耳病、瀉症、膀胱病、蜀黍疹與各種皮膚病。要避免這些疾病和其他生命上的危險，日常便應有維生素甲的營養。這種維生素的營養，不但能避免上述的疾病，且能使生命延長，體力強大，精神煥發，和增加抵抗病菌的力量，所以維生素甲是身體上的一種組織成分，和調節物素。

取源

維生素甲在植物的綠葉中組成，所以愈綠愈薄的葉子，含維生素甲愈多。牛吃青草，草葉中的維生素甲，乃聚貯於乳汁中，所以牛乳是維生素甲的主要取源之一，蛋黃、萵苣、菠菜、豌豆等綠色植物次之。牛油、乾酪與其他的乳製品，都天然富於這種維生素。

海中之細小植物如藻，亦能自製維生素甲。藻爲小動物生物所食，小動物生物復爲較大的動物生物吞食，這較大的動物生物，又爲魚類吞食，最後，維生素甲，貯藏於魚的肝內，所以魚肝油含維生素甲特富。畜類與人類之取獲維生素甲，或是直接取自植物，或是間接取自吃食植物的動物，取得的維生素甲大都貯藏肝內，少量的貯藏於脂肪組織中。豬肉脂肪含維生素甲頗少，牛肉脂肪含的較多。

植物的嫩枝與胚芽，亦含有維生素甲，莖根則除黃色植物如甘薯與胡蘿蔔外，全缺乏這種維生素。植物中菠菜含維生素甲最多，胡蘿蔔次之。這兩種之一，最好能每日煮食一次。番茄含維生素甲亦多，約當菠菜所含的四分之一。

維生素乙(Vitamin B)——消化維生素

維生素乙的散佈，比較其他的維生素爲廣，所以進用的飲食，如非精製食品，可勿憂慮到這種維生素的不足。西方人常吃的一種肉、甘薯白麵包與糖(lean meat-potato-white bread-sugar)的飲食，缺乏這種維生素，所以人們多患各種胃腸病，如便祕、胃疲、與結腸炎等。麥富於維生素乙，不過舂磨過的精白麵粉，其百分之九十五至一百的維生素乙已失去。

精白麵粉

麥富於維生素乙，這種維生素全附着在麥粒表層的褐色膜上，如將麥粒的外殼剝去，再經多次的舂磨，將褐膜削淨，祇剩一顆白粒，維生素乙便全失去。用這樣的白麥粒磨粉製成的麵包和其他麵食品，便無養分，食之於身體毫無裨益。確實於身體有益的，乃是所拋棄的糠麩。我們如果將一盤精白麵粉同一盤糠麩，同放在養鼠的面前，養鼠亦吃糠麩而不吃精白麵粉，所以全整麥粒(whole wheat) 的粉製成的麵食品，是於我們有益的，同時是我們所切需的。

精白米

最早研究維生素，有一次發現東方食米的國家，人民食舂磨過的白米，多患腳氣病，這種病的病狀是兩腿痲痹，浮腫乏力，同時貧血與呼吸感覺困難。一九〇五年，日俄戰爭，日軍軍糧，大都為粳白米，兵士多患腳氣病，戰鬬能力大減。後來幸虧有人記起一八九七年荷蘭科學家 Eijkman 曾養一鴿，先喂以白米，使患腳氣病後，換喂以糠麩，乃治此病的故事，遂令全軍換食糙米，腳氣病便即消滅。這是最早公認維生素乙能制裁某種病菌功能的一種，近來許多事實，更明顯的證實了我國的軋米機，實爲許多疾病的病源。

性質

維生素乙溶解於水，這於所用的烹飪方法有極大關係。西方人每喜用水沸煮食物，煮熟後又將水倒去，食物中的維生素乙乃完全失去；我國的烹飪方法，則無此弊病。有汁液的罐藏食物，其維生素大都溶於汁內，一般人以爲這汁液有害於身體，將汁液完全拋棄，甚而用水沖洗食物，將附着食物上的汁液都洗去，這實在是一件極大的錯誤。

維生素乙在尋常的溫度能存在，在水沸點溫度，尚可安然存在，若溫度再高，便極速損滅。食物的殺菌和裝罐，所用溫度高於水沸點的，其維生素乙大都消失，所以近代的食品專家，皆反對食品的裝罐用壓力蒸汽爐，即用高溫度烹煮食品。

功用

維生素乙曾被名爲抵抗腳氣病或神經炎的維生素，有時亦稱做水溶性B。缺乏這種維生素，結果，神經衰弱，發生痲痹症，與神經肌肉的控制能力減低，發生便祕、胃疲、結腸炎等胃腸病。在未發生這類疾病之先，食慾不振，身體羸弱，體量減輕，缺乏精力，最後便發生上述諸胃腸病。

維生素乙的需要兒童與成年一樣，兒童缺乏這種維生素，便不長大，成年將患上述的各種胃腸病。這種維生素對於性的興趣和作用，亦有顯著的關係，生殖與授乳期間，需要的量特大，缺乏了便不孕。簡括的說，維生素乙的主要功用，便是它是一種生理上的刺激劑。

取源

茲將維生素乙最好的取源，依照含量大小的順序，排列於下：

穀實（全整）　乳汁

酵素　豌豆

梅實

菠菜　蘆筍
番茄　卵
菉豆　大豆
卷心菜　扁豆

精白米含維生素乙少，黃米含的多。凡精白的食物，其維生素全被舂去，所以非必要時，勿食精白食物。許多人食酵素以治食滯與便祕病，因爲酵素含維生素乙很多。若日常飲食含有相當量的維生素乙，便無須吃食酵素，不過在感覺維生素乙營養不足的時候，吃酵素卻很有益處。

最近西洋方面，有製就的維生素乙發售，如"Metatom" "Dextro-vitavose" 與特置的嬰孩牛乳 Vitavose 等，所含的維生素乙，比較鮮牛乳所含的要多百倍，維生素庚要多三十倍，是專爲治防便祕、貧血、胃疲、慢性潰爛結腸炎、蜀黍疹等病而製備的。

維生素丙(Vitamin C)——瘋濕痹維生素

性質

維生素丙與維生素乙同，亦溶解於水，所以罐藏食物的維生素丙，全溶於汁內。乾燥能損滅維生素乙，沒有空氣的地方，在水沸點溫度，這種維生素，猶能存在，如溫度再高，便極速損滅。食物放水中沸煮一小時，其維生素丙將損滅百分之五十，溫度減低，損滅的程度亦減低。普通的烹飪方法，即用水沸煮，或高溫度烘焙，大都有損於維生素丙，而維生素丙又不能貯藏體內，所以應多食蔬菜，以補充這種維生素營養的不足。

西方烹煮食物，又喜用鹼(soda)，其實有鹼的食物，不但中和體內的酸分與使組織柔弱，更損滅維生素丙，因爲維生素丙在酸性溶液如檸檬汁番茄汁中，比較在鹼性溶液中，容易生存。很幸我國沒有這習慣。

功用

維生素丙因爲能治壞血病，又稱爲抵抗壞血病的維生素，能影響牙齒與鈣素的保持，又能影響副腎鹼(adronaliue)的產生，這於心臟有重要的關係。飲食中缺乏維生素丙，因而患壞血病的，雖不多見，但總不免身體羸弱，面色萎黑，精力減低，四肢與骨節酸痛。嬰孩與幼童每患瘋濕痹病，這是壞血病的先期病，也便是缺乏維生素丙的緣故。因為這種維生素的營養不足，許多人容易發怒，禦菌能力薄弱，精力疲乏，更有骨部發展不完全和齒蛀的缺陷。

取源

維生素丙可取自橘、檸檬、葡萄、卷心菜、萵苣、蘋菓、香蕉、胡蘿蔔、波羅、蕪菁、鮮豌豆、葱、水田芥、與番茄，其中番茄含維生素丙較少。上列諸物最好勿煮食，如煮食則應注意勿使維生素丙有所損滅。

乳汁含維生素丙不多，煉乳含的尤少，所以嬰孩應常哺以橘汁或番茄汁，以補充乳汁中維生素丙含量的不足。

維生素丁（Vitamin D）——抵抗佝僂病的維生素

性質

維生素丁對於身體的健康，有與使用紫外光照射同樣的功效，最初以為這是一件頗希奇的事，後來知道紫外光照射在皮膚的 ergosterol 上，能產生維生素丁。體內的維生素丁，因此可以製造。日光中有紫外光，所以多在日光下晒露，可以增加體內維生素丁的含量。最近歐美已有將食物用紫外光照射以製造維生素丁的施行，如 muffets 便是經過這種施行的食物之一。

維生素丁能大量貯藏體內，對於高溫度與水的影響是怎樣，現在尚不淸楚，不過已知道是能溶解於油脂的。

功用

維生素丁又稱爲抵抗佝僂病的維生素，因爲飲食中含有這種維生素，能抵抗佝僂病的發生。佝僂病是一種很普通的疾病，其原因爲鈣與磷的同化不達常態，致骨部的發展不完全。鈣與磷的同化不達常態，或是因爲體內鈣量低微，或是因爲磷量低微。所以這兩種元素，不論缺乏任何一種，都能影響骨部的發展。維生素丁的營養不足，也能招致佝僂病，且較鈣或磷量的低微更重要，因爲缺乏維生素丁，即鈣與磷量充足，亦不能常態的同化。兒童發育與婦女妊娠期內，鈣與磷同化最快，體內維生素丁的需量最大，應多吃含維生素丁的食物。維生素丁能使流血凝止，身體活潑，食慾亢增，容貌改進，與生殖能力加增。這種維生素，同時爲抵抗傳染病的維生素，缺乏了，易受惡病的傳染，尤其是呼吸器官，易患傷風、氣支管炎、與肺結核炎等病。

取源

魚肝油、蛋黃、乳汁、奶油、鮮蔬菜等，都是維生素丁的主要取源。日光與其他紫外光，因能製造維生素丁，亦爲良好的取源，惟活動光線，易爲窗玻璃、衣服、煙灰、塵埃、與空氣中的水分吸收，尤其是在冬季，這種光線更形減少，僅當夏季的八分之一，所以專靠日光浴是不能獲得充量的維生素丁的。

歐美現有備就的維生素丁出售，如 Ostellin、Viosterol 等，在新鮮食物與乳汁不可靠的地方，這類食物，是很相宜的。

維生素戊(Vitamin E)——抵抗不孕的維生素

性質

維生素戊不溶解於水，而溶解於油脂，尋常的純煉與硬化方法，對於維生素戊，未見有所損害。

最近知道，普通的烹飪方法，亦不能損滅這種維生素。維生素戊能貯藏體內熱、光、與空氣，不阻礙其生存。

功用

這種維生素最初是名為維生素X，後來稱為抵抗不妊的維生素，或稱為生殖維生素。這個名詞，每能引起誤解，因為單獨與生殖有關係，維生素戊便與維生素甲沒有區別，可是我們知道，一種維生素有一種的效用，這種有關生殖的功用，不過是維生素戊功用之我們現在所僅僅知道的，日後或許發現其他的功用。維生素戊大概是一種複雜物，因為一面與生殖有關，一面與乳的分泌亦有關係。缺乏維生素戊，有礙生育男子，則精液細胞受損傷，女子因胎盤失卻作用，會發生難產，卽胎兒回入產婦腹中，每有生命之虞。

取源

全麥與其他的全整穀物、和蔬菜，皆含維生素戊。

維生素庚（Vitamin G）

在一個時期，某種物質曾被稱爲維生素己（Vitamin F）但最近斷定它是附屬於維生素乙，所以現在便沒有所謂維生素己的了。維生素乙，以前認爲是有改進發育，抵抗神經炎與蜀黍疹的特性，近來發現維生素乙裏面，最少有兩種可分離的東西，其有抵抗蜀黍疹功用的一種，現在便稱爲維生素庚，這是尊敬和紀念發現者 Goldberger 氏。

維生素——結論

現在所知道的維生素共有六種，維生素甲、丁、與戊、溶解於油脂，維生素乙、丙與庚。溶解於水。近代的精製方法，削去食物大部的維生素，烹飪方法中的烘炒與沸煮，亦損滅食物大量的維生素。

維生素的主要價值，是在與我人的精力、元氣、與生機有密切的關係。維生素給予身體抵抗傳染病的能力，又爲身體發長所必需的東西。一切生殖作用，亦須有維生素，纔能有適當的活動。總括的說，維生素是一種生理上的興奮物質。

飲食中缺乏維生素，結果，最初是精力疲乏，後來便發生各種疾病。我們的食物，應經過靈敏的選擇烹調，否則時時有缺乏維生素營養的憂慮。許多人的懶惰與不能長時間工作，大都是因爲飲食缺乏維生素的原故。我們會成爲怎樣的人，全憑我們所吃的東西來定判的時期，不久就要到臨了。

第五章　鑛物質

世界的成分

世界與宇宙間的物體，都是由九十多個不同的元素所組成。元素是物體用尋常的方法分成的最小的東西，金、鉛、鐵、氧、鈉、碳、氫、與氮，都是元素。地球、大空、與水，三種混在一起的成分，大概如下：

氧	48.7%
矽	26.7
鉛	7.8
鐵	4.9
鈣	3.5
鈉	2.7
鉀	2.5
錳	2.0
氫	0.50
鈦	0.69
氯	0.16
磷	0.15
碳	0.10
鎂	0.12
硫	0.03
氟	0.03
氮	0.016
其他元素	0.234

九十多個元素中，組成物體之主要部分的，只有十七個，這十七個最豐富的元素，注有記號的，在人體亦可尋獲，

身體的成分

人體的成分，大致如下：

氧	65%
碳	18
氫	10
氮	3
鈣	1.5
磷	1.0
鉀	0.35
硫	0.25
氯	0.15
鎂	0.05
鐵	0.004
碘	0.00004

氟、矽、銅、與其他的元素極少。

一切物體，可大概分爲有機與無機兩種，有機物體含碳與其他元素的化合物。上列的元素祇

氧、碳、與氫三種，在有機物體中可以尋獲，成為脂肪與碳水化物。蛋白質是在氧、碳、與氫之外更含磷、氮與硫三種元素的有機物。維生素是三種以上的蛋白質元素所組成的一種特殊化合物。

其他的七種元素，有機體中可尋見的很少。非有機物體，統稱為無機，所稱鑛物質，其指的是與無機為同樣東西，硫與磷通常便歸為鑛物質。

普通的功用

從前面兩表看來，生命主要的元素，大半是鑛物質。人體內的十三種元素，每種於身體的發長和養育，有重要關係；缺乏任何一種，便不能生存，譬如我們吸入的空氣中缺乏養氣，幾分鐘內，能致死亡。每種元素，各有其一定的功用，鑛物質的功用，大致如下。

1. 為齒與骨之發長所必需。
2. 為肌肉血液細胞等所必需。
3. 溶解於體內液體；而發舒其固有之特性，固定液體的酸性，鹼性，滲透壓力，溶解能力，與其他等性質。

體內液體所含的鑛物質，過多或不足，都使身體的進行程序不能適當。

食物鑛物質之剝失

鑛物質溶解於水，泥土中的水分，含有鑛物質，爲植物的根所吸收而輸至全體。這些鑛物質，大都積於植物表皮之下層，所以舂磨米麥，精煉食糖，沸煮蔬菜，與剝除菓皮，都有損於牠們的鑛物質含量。由化學分析，甘薯用水沸煮或剝皮後，約失去百分之五十的鑛物質。

食物的百分之五是鑛物質，九十五是有機物，鑛物質與有機物，同爲生命之要素。人體內的有機物，不時在失去，有如呼出的碳酸氣，與排泄出的廢物。鑛物質亦不時的在失去，惟人們不很知道，因爲排泄物中含有氯化物、硫酸物、磷酸鈉、磷酸鉀、磷酸鈣、與磷酸鎂等，在普通健康狀況下的人，每日約失去鑛物質二十至三十克。

淚與汗亦含有鑛物質，所以味鹹。尿中鑛物質亦不少，綜計每人每年鑛物質的失去，約二十磅，所以日常食物中，應有鑛物質的養分，以補充其失去的。一種鑛物質有一種功用，現在逐一敍述於下：

鈣

鈣，建組齒骨，鞏固脈管，強活脈搏，使細胞有生氣。缺乏鈣素，工作無持久力，意志淺近，記憶力薄弱，凡事不感興趣，牙齒容易腐蛀與做事不能謹慎。血液中鈣的成分極少，但卻爲心臟肌肉保持常態活動的必需品。新細胞的組成，必需要鈣，鈣鹽與蛋白質，在人體內爲建築骨骼的水泥。血液凝結亦需要鈣鹽，著名醫生在未開刀割治病症前，必先測驗病人的血液，是否容易凝結，如不易凝結，便令服鈣素乳糖丸 (cal-lactate) 一二日，以加增其鈣量。有時割治扁桃腺炎，病人因流血過多而危及生命，便是醫生疏略這點的緣故。

兒童的骨骼，百分之五十是磷酸鈣！成年人的骨骼，含鈣百分之八十五。人體內鈣的含量較任何鑛物質的要大十二倍，但鈣較任何鑛物質容易且時常感覺不足。食物烹調適當，一切的鑛物質可保充分，惟於鈣素不能斷定，要斷定鈣素充實與否，則須涉及食物的選擇了。

鈣能影響體內鐵素的含量，鈣素豐富，可以補助鐵量的不足，是以鈣之重要，不但本身有特殊的功用，且與其他鑛物質有關係。身體不健康，因鈣量的不足，實較因維生素不足的影響爲甚。

鈣與齒

我國齒病很普通，齒病對於說話、美觀，和健康的影響很大。體內營養不足、貧血、神經衰弱、瘡潰、胃癌，瘋濕痹、腎虧、腺狀腫、耳目病、膿潰扁桃腺炎等疾病的發生，都與齒蛀有關係。世界大醫家 Osler 博士曾言，由忽略齒蛀而引起的疾病，比較因躭沉於酒精飲料而引起的疾病爲多。美國 Ohio 洲 Cleveland 地方的 Marion 學校曾做一試驗，三十五個兒童，原有齒病，後將齒病治好，一年終結，其中二十七個兒童，智力較前增倍，體力較前強健，容貌、品性，亦都有顯著的進步。

牙齒的健全，於洗刷無甚關係，許多人洗刷牙齒很有規定，但牙齒仍不好，許多人對於牙齒不很注意，而牙齒卻很健全。牙刷的形式與牙粉牙膏，更不能改進牙齒的健美，與牙齒的健美有密切關係的，是所吃的物品，吃適宜的物品，能使牙齒健全，反之能使牙齒腐蛀。

食物中缺乏了鈣素，體內因需要這種鑛物質的營養，遂剝削骨骸與牙齒的鈣素，齒的內部，漸成一孔，僅留表面一層琺瑯質，一經損碎，孔即露出。婦女妊娠與授乳期內，體內鈣素的需要特大，如飲食中鈣素不豐裕，牙齒最易損壞，所以俗語有「婦女每生一孩，脫落一齒」的話。娠婦與乳母的飲食，缺乏之鈣素，不但損壞自己的牙齒，更影響產兒的牙齒。

(8) 精糖、葡萄糖、糖菓等，與鈣素混和之性很強，多吃糖食，齒部的鈣素，遂爲糖所提吸。水亦有溶蝕鈣素的性質，惟力量很小，水一千分僅溶鈣一分，如水中加入糖，其溶解能力便加增三十倍，所以多吃糖食，遂應多吃含鈣的食物。妊婦不宜多吃糖食。

歐美人民喜吃糖食，所以患齒病的很多，我國人民，因多吃蔬菜，所以患齒病的雖多，與歐美比較，猶爲少數。

鈣與肺病

近代醫生視肺病已爲非恐怖的疾病，因爲肺病現在可以醫治，肺部腐蝕去的部分，已能設法塡補。這塡補物質爲吸取性鈣鹽所組成，所以鈣素豐裕的飲食，可以預防肺病的產生，又爲醫治肺病的補助品。

取源

鈣素最富的食物爲：

菠菜、胡蘿蔔、蘿蔔、萵苣、番茄、乾豆、芹菜、乳酪、牛乳、蕪菁、檸檬、朱欒、柿、梅實、卵黃、杏、糠麩、葱、堅果、（花生、杏果、胡桃）麵包。

牛乳爲鈣素最好的取源，牛乳中的鈣素，在體內比較蔬菜中的鈣素容易同化，惟蔬菜亦爲鈣素的必需食物，十三歲以下的兒童，欲保證鈣素充裕，於蔬菜外，可每日飲牛乳一夸脫（quart），成年人則應多吃蔬菜。

科學家曾用缺乏鈣素的食物，如用已失麩質的穀實或白麵包喂鼠、犬與其他動物，不久這些動物，都患神經昏靡病，尤更患皮膚病，毛髮粗糙而脫落。吾人飲食缺乏鈣素日久亦會發生神經衰弱病，發育的兒童更會發生軟腳病，與身材短小等的缺陷。

鈣素豐裕的食物

—表內線劃表示每英兩所含之量—

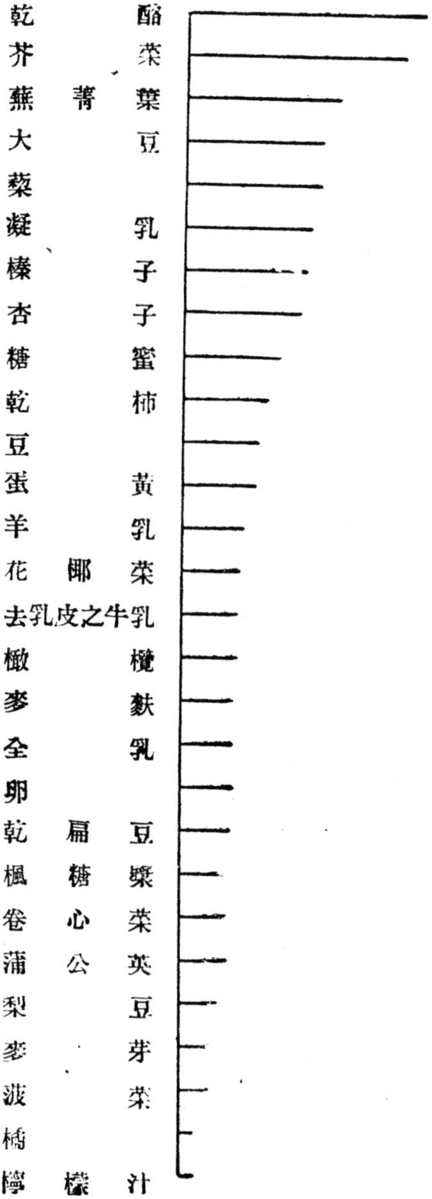

磷

歐戰時，Frankfurt 大學的生理學教授 Emdon 博士，發現注射七克酸性磷酸鈉，能延長勞作能力百分之二十，並能延長智力工作。這種藥品，雖時常注射，亦不發生惡影響，非如咖啡茶、可可中的咖啡精、煙葉中的泥古丁、和飲料中的酒精等刺激品，不能致癮癖。現在德國已有許多人規定的注射這種藥劑。患黃疸病的人，最好每隔數星期，注射一次。

攝取磷素，與攝取其他鑛物質相同，最好取自食物而不取自藥品。磷素最豐富的食物，有乳酪、卵、卵黃、杏子、花生、胡桃、豆、麥、全整穀實、牛肉、牛乳、梅實、番茄、菠菜、芹菜、與蘆筍等。牛乳含磷與瘦肉同樣的豐裕，每日飲牛乳一夸脫，可保證體內磷素需量充足。牛乳供給磷、鈣、與維生素，爲近於十全的唯一食物。

欲兒童發育完美，應使多吃磷素，較成年人要多一倍或一倍半。

鉀

身體進程中第三個重要鑛物質便是鉀，鉀在食物中常與磷化合為磷酸鉀，與硫化合為硫化鉀，或與氯化合為氯化鉀。鉀為關係神經與腦的主要物質，一部分人的患壞血病，便是因為飲食中缺乏鉀。普通便祕與混泌，也是缺乏鉀的表示。

時常感覺疲乏的人，在服食其他東西外，應多吃含有鉀素的食物。我們的食物，大都含有鉀素，所以除非所吃的大半是精製的食物，對於鉀素可不顧慮。最好的鉀素食物為新鮮的蔬菜，如萵苣、芹菜、菠菜、蘆筍等。胡蘿蔔、莓實、番茄、與西瓜，也是鉀素的好取源。

鉀，同時為植物生長的主要元素，並為各種肥田粉的主要成分，所以鉀是植物與人類的主要物質。

硫

硫能使血液清澄，並能除去血液中之毒素，因此人體需要硫，但硫不易進服，所以我們須多吃含有硫的天然產物。硫在食物中，大都爲蛋白質成分之一，所以富於蛋白質的飲食，亦必富於硫素，進食蛋白質多的人，必無硫素不足的感覺。

硫素能控制瘋濕痹、皮膚病、與血液症。

牛乳爲硫素的好取源，每日飲牛乳計一夸脫，身體發長所需的硫量，便已足夠。其他富於硫素的食物爲杏仁、醃豬肉、大麥、乾豆、牛肉、白菜芽、卷心菜、乳酪、蛤可可、穀實、黎豆、棗子、卵、菊苣、薺菜、糖蜜、蠔（最富於硫素、）胡椒、豬肉、米。許多食物含有硫素，因而我人很少感覺硫素不足的，對於因硫素缺乏而發生的影響，遂不很清楚。

鈉

血液與體內其他流體，含鈉很多，血液內的鹽類，百分之六十爲鈉鹽，這種鹽，人體各部的組織，都略含有。組織含鈉鹽的多寡，可定其吸收水量的大小。體內流體所含的鈉鹽量須固常，否則鹽量減少，流體量亦隨着減少。

我們尋常所吃的鹽，鈉鹽較天然存在食物內的鹽爲多。許多人有喜吃多量鹽的習慣，多吃鹽能產生許多惡疾。醫生多令四十歲以上的人少吃鈉鹽，以防血壓增高。

H. R. Stockdale醫生曾說，遇着下列情形的時候，應進食含有鈉鹽的食物：

消化力不強及腹中鹽酸過強的時候。

將患痛瘋與瘋濕痹的時候。

頭的前部暈痛時。

目力不強，常須換配眼鏡的時候。

手掌發現白斑的時候。

面色灰黑的時候。

面部發熱舌與皮膚感覺乾燥的時候。

脚冷與血脈流動滯鈍的時候。

有心臟病的時候。

因冷飲致病的時候。

感覺呼吸有氣味的時候。

腹內燒痛的時候。

患糖尿病的時候。

乳汁分泌不足的時候。

H. R. Stockdale醫生又稱鈉能給予精力、嬌美、持久力、敏捷之思慮與良佳之消化力。更稱鈉對於心身有一種特殊的返老還童功效，爲保持體內進行程序於常態的最要元素。

鈉素的鹽類皆能溶解於水，欲保持食物中的鹽質，便不宜用水沸煮食物。

鈉素的滋養，勿專取給於氯化鈉卽食鹽，因爲容易獲得過量的氯有害於身體，應多吃其他天然存在食物中的鈉素化合物。最好的鈉素化合物爲：乾杏、甜菜、全麥、裸麥、奶油、菊苣、胡蘿蔔、乳酪、蛤、黎豆、卵、瘦肉、凝乳、橄欖、蠔、葡萄干、菠菜。

氯

動脈血液內氯素含量與氧素含量的比為 6:56，氯能激刺血液中之血球素，使吸收氧輸至身體各部，並為腹內鹽酸之淵源。

氯每與鈉化合為氯化鈉，即通常的食鹽。鹽在體內，大都不生變化，所以氯在體內的效用，遂與鈉同，即調節體內之水量，使排泄便利。

因為通常的食鹽是氯素的化合物，所以體內氯素並不感覺缺乏。下面的食物，皆為氯素的最好取源：香蕉、全麥、裸麥、奶油、魚子醬、芹菜、乳酪、蛤、椰子、玉蜀黍、棗、卵、菊苣、肉類、牛乳、糖蜜、蠔、甘薯、與乳清。

鎂

肉類與一般的植物纖維素，含鎂素頗多，日常的飲食，除非大半是精製食物，鎂素總是有多餘的。骨骼亦含有鎂，其效用與鈣同。市上通售的瀉鹽，大部是硫酸鎂，所以天然存在食物中的鎂鹽，也有緩瀉的效用。鎂容易溶解於水，更容易溶解於熱水，食物經沸煮後，其鎂素便溶於水而失去。

鎂素特富的食物有：杏仁、大麥、蠶豆、可可、穀實、黎豆、扁豆、肉類、芥菜、麥片、花生、裸麥、豌豆、胡桃。

鐵

人體內鐵素含量很小，總量不到十分之一兩，可是效用很大，為血液內運輸養氣的紅細胞與控制紅細胞核內生機活動之染色粒物質的主要元素，又為控制體內許多重要活動的物質。飲食中鐵質缺乏或不足，紅血液細胞便將減少，結果發生痲痹症。乳汁中鐵素不足，和嬰孩的乳養期過長，每易患痲痹症，最好每日餵以菠菜汁少些，因為菠菜含鐵素頗豐。

我們日常的飲食中，鎂與氯的含量頗富，可不顧慮，鐵的含量很少，卻不可不注意，應多選含有鐵素的食物，婦女們尤應多吃含鐵素的食物。良好的鐵素食物有瘦肉、卵、麥片、全麥豆類、卷心菜、番薯、菠菜、杏仁、花生、胡桃、葡萄干。這些食物不宜用水沸煮，因為鐵素溶解於水，很容易失去。蔬菜與水菓卻爲鐵素的最要取源，多吃蔬菜與水菓的人，不致感覺鐵素不足。

飲食中鈣與鐵兩種鑛物質，常常缺乏，所以應選食富於鈣素而亦富於鐵素的食物。下面便是最富於這兩種鑛物質的食物。

杏子	蒲公英
菊苣	扁豆
芥菜	蕪菁葉
糠麩	乾柿
楓糖漿	橄欖
蛋黃	榛子
糖蜜	菠菜

食物所含鐵素

食物	一次食用量	含鐵量
無脂肪牛肉	4 英兩	
牡蠣	$\frac{1}{2}$,, ,,	
菠菜	4 ,, ,,	
肝	4 ,, ,,	
糖蜜	$1\frac{1}{2}$,, ,,	
麥麩	$\frac{1}{2}$,, ,,	
卵	2 ,, ,,	
粗黑麵包	2 ,, ,,	
草莓	6 ,, ,,	
番薯	3 ,, ,,	
研碎燕麥	1 ,, ,,	
青豌豆	2 ,, ,,	
魚	4 ,, ,,	
梅	1 ,, ,,	
棗	1 ,, ,,	
葱頭	4 ,, ,,	
香蕉	1(4) ,,	
生卷心菜	2 ,, ,,	
豇豆	2 ,, ,,	
葡萄乾	1 ,, ,,	
波羅	4 ,, ,,	
全牛乳	$\frac{1}{2}$ 品脫	
杏子	$\frac{1}{2}$ 英兩	
白麵包	2 ,, ,,	
番茄	1(4) ,,	
甘薯	3 ,, ,,	
萵苣	2 ,, ,,	
甜菜	2 ,, ,,	
胡蘿蔔	2 ,, ,,	
鮮蘋菓	1(4) ,,	
花生	$\frac{1}{2}$,, ,,	
蕪菁	2 ,, ,,	
研碎玉蜀黍	1 ,, ,,	

碘

身體內碘的含量很小，僅為全體的三百萬分之一，量雖微小，但很重要，且仍有許多人因碘素不足而患病的碘素的不足，大都是因爲食物已經精製或用水沸煮，也有是因爲地方上根本缺乏碘。地方上碘的缺乏，是該處泥土中的碘素，受雨水與河水的沖擊，溶解而流入於海。所以海水中碘素特富。泥土中缺乏碘素，所由長殖的植物，便也缺乏碘素。

甲狀腺腫是飲食中缺乏碘素的一個最明顯的表示，因爲碘素不足，甲狀腺便膨脹，這可用碘來醫治和預防。H. R. Stockdale 醫生曾言：「碘爲腦與神經抗禦體內毒素的偉大保護者，又能戟刺腺，均衡體量，補助鈣與其他鹽類的同化，及均衡和增加腦的活動力。缺乏這種鑛物質，能發生甲狀腺腫、神經系破碎、血液緩急不調、喉顫、心悸、易怒、魯蠢、懦怯。」

優良的碘素食物有：麥片、大麥、胡蘿蔔、牛乳、鮭魚、鹼水魚、蠔、蛤、菠菜、豆類、櫻桃、奶油、魚肝油、洋葱、蒜頭、豌豆、番茄、與龍蝦。

氟與矽

氟與矽在體內的分量極微，其功用不很知道，所僅知道的，是骨與齒中有氟素，爲堅實骨齒的東西。據說又爲克制肺病的主要物質。最好的氟素食物有麥片甜菜、卷心菜、菠菜、與海產食物。

髮禿與指甲腐劣，其原因爲缺乏矽素。多吃矽素食物，能防癌腫與肺病。最好的矽素食物有菠菜、胡蘿蔔、卷心菜、堅果、全麥、麥片、與豌豆。

第六章 碳水化物

碳水化物學名爲醣；爲碳、氫與氧三種元素所組成的化合物，植物與動物都含有。在動物體內，碳水化物爲熱與能的淵源，它與血液內紅血球所傳輸的氧接觸化爲碳酸氣與水。由這個化學反應，更產生勞作所需的熱和其他的能力。

△碳水化物貯藏體內，以備不時之需。

主要的碳水化物爲糖、澱粉、膠、糊精、與纖維素。大都碳水化物是空氣中的碳酸氣與地土中的水分，受着日光赤外光線的影響，而起反應的結果。這個反應，同時放散氧氣，與尋常傳說植物吸碳酸氣而吐氧氣，動物吸氧氣而吐碳酸氣的話相脗合。碳酸氣與水的反應，最初的產物爲甲醛(formaldehyde)，甲醛更與其他後來產生的甲醛聯合成較大的分子，即含多數的氫、碳、與氧元素；如此繼續的相互聯合，其第一個新產物爲糖，由糖進而組成較大的分子，如澱粉、糊精、膠、與纖維素。纖維素爲木材的主要成分，也就是由這種方法所能產生的最大的分子。

糖類

糖類可分爲簡單與複雜兩種，化學家稱簡單的爲單糖類複雜的爲式糖類。複雜的糖用稀酸處理，可化爲簡單的糖。最普通的複雜糖，爲蔗糖、麥芽糖、與乳糖。

蔗糖廣佈於植物界，水菓與蔬菜中都含有，其最好的商業取源爲糖蘿蔔、甘蔗、糖棕、與糖楓。許多普通的植物，如甜菜、胡蘿蔔、與波羅、都含有蔗糖，至少其固體物的一半是糖質，經沸煮後，糖質便失去。

蔗糖在體內，一部分爲腹中鹽酸分解成簡單糖，卽葡萄糖與果糖，及經腸液中 sucrase 的作用後，全部遂變成簡單糖，爲血液所吸收。蔗糖因爲須變爲簡單糖才能被血液吸收，所以較簡單糖難消化。蔗糖又衝刺胃壁，近代嬰兒專家，多反對以含大量蔗糖的凝牛乳哺育嬰兒，主張代用經乳酸酸化後而和入穀類糖漿使甜的牛乳，因爲穀類糖漿是屬於簡單糖類的葡萄糖，既容易消化，且有魚肝油和入，故又有維生素的滋養。

葡萄糖現在已可由穀實澱粉用鹽酸處理來製造，普通市上發售的是已製成的糖漿，最近已能用新方法製成糖結晶。

果糖可由耶路撒冷薊(Jerusalem artichokes)取得，但是現在還沒有完美的製造方法。

葡萄糖沒有蔗糖甜，果糖則較蔗糖甜，相當分量的葡萄糖與果糖混和，甜味與蔗糖等，且能產生相等的熱與能力，對於身體較蔗糖爲相宜。

乳糖

製備乳酪，多用乳糖，乳糖沒有蔗糖甜，但較蔗糖容易消化，不很溶解於水，衝刺胃壁的效力極小。乳糖利於有益身體的腸菌的生長，故能保持腸的健康。

精糖爲最純潔的食物，但於身體無多大功用最好進用米精製過的粗糖如黃糖糖蜜甜水菓與蜂蜜糖。

糖精在化學上是一種煤焦誘導物(coal tar derivative)，現在多用作甜料，比較尋常的食糖，要甜五百倍，但無食用價值，與身體雖無害，惟其甜味易令人生厭。患糖尿病的人，吃糖不容易消化，可進用糖精。街巷小販和一般店鋪，慣用糖精製造糖菓、糖食、或用作菓露的甜料，對於這樣的使用糖精，美國已極嚴厲取締，非因糖精有害身體，是爲無食用的價值。某食品專家曾稱，食物中使用糖精，無異給犬一橡皮的椎脊。

發酵

碳水化物受了某種微生物的影響，能發生所謂發酵作用，便是將糖類分裂爲簡單的物質。酒精發酵作用，產生酒精與碳酸氣；其他的發酵作用，產生乳酸與別種的物質。糖的發酵是屬於酒精發酵作用，故亦產生酒精與碳酸氣。這許多變化，全賴酵素或其他衛生物所產生的分泌液的作用。

澱粉

在糖類之外，尚有許多碳水化物，統稱爲澱粉的。澱粉爲米、麥、甘薯、與玉蜀黍的主要成分。乾燥的穀實，其百分之五十至七十的重量爲澱粉、甘薯，其固體物質的四分之三是澱粉。生蘋菓與香蕉，含多量澱粉，這些澱粉，在菓實成熟後，大部變爲糖質。澱粉在體內變爲葡萄糖，水煮過的澱粉，容易被消化酵素變成葡萄糖，這也就是食物需要煮燒的一個最重要的理由。

肝糖

肝糖（glycogen）對於動物，有如澱粉對於植物之同樣的重要，因爲碳水化物貯藏體內，都變成肝糖，所以肝糖又有動物澱粉的名稱；身體各部，皆可尋獲，腎與肌肉內尤多。體內需要糖質時，肝糖便變爲葡萄糖，以供血液吸收。勞動激烈，肝糖的消用便極快；其未用去的葡萄糖，則仍變成肝糖或脂肪貯藏體內，所以需要減瘦的人，可以裁減碳水化物食量。

糊精

澱粉分解，便成糊精（dextrin）。糊精容易溶解於水，也容易消化，現在多用代阿拉伯膠以製膠水。糊精與澱粉相同，能被消化酵素變爲葡萄糖，又與乳糖相同，爲消化管道中有益身體的黴菌的適宜媒介物，故糊精對於腸衞生，頗有裨益。

膠素

膠素（pectin）是屬於galactan一類的化合物。galactan含養分極少，海菜（agar-agar）便爲一例。海菜吸收水分而膨脹，使腸內食物的容量擴大，便於傳輸，有緩瀉功用，爲救治便祕的良劑，可以代替我們飲食中每感不足的糠麩與其他纖維素等粗糙物質，每餐進用一羹匙，直接進用，或間接與其他食物混食均可。

慣常所見的膠素，是一種與糖混和的粉末，有許多不同的名稱。天然產物中，胡蘿蔔、蘋菓、橘子、檸檬，和許多蔬菜都含有膠素。膠素的消用頗廣，許多工業食物廠與西方的家庭，都用製造菓漿，蓋膠素能幫助製造菓漿，如原需十小時沸煑的，加入膠素，沸煑十分鐘便足；又用膠素製成的菓漿，能保持水菓的天然美味。

製造菓漿，已成爲今日的一種科學，選用適當膠素，依照製造方法，在任何季令，可如意的用橘汁、檸檬汁、蘋菓汁、葡萄汁或其他菓汁，製成良美的菓漿。近代一般食品商，更利用膠素製造糖菓、油醋、乳酪等之混合汁、麵餅之餡、與其他等食物；不久膠素將成爲日常飲食所不可缺離的東西了。

纖維素

纖維素爲植物的軀體，木材、羊毛、棉花、和紙、麻等日常必需品，其主體皆爲纖維素。近代化學家，對於纖維素極注意，蓋除煤外，纖維素爲最重要的物質，許多物質是由纖維素製成，如人造絲、紙張、炸藥、火棉、照相底片、油漆、人造皮革、油布等，大部是纖維素。

纖維素爲最複雜的碳水化物，人體不能消化，低等動物如馬與山羊，胃內寄生有一種微生物，能將纖維素轉變爲可消化的東西。鹽酸能將纖維素變爲葡萄糖，故德國已在試驗將木屑製成食糖。纖維素因不易消化，食物中含有纖維素，在腹內成爲粗糙物，頗利於便泄，所以多吃含有纖維素的水菓、穀實、與蔬菜，可以防止便祕的發生。蔬菜中，甜菜、洋葱、菠菜、番茄、蘆筍、蕪菁、含纖維素很多，水菓中，葡萄、蘋菓與櫻桃、含纖維素很多。

纖維素特富的食物有：（依照含量大小之順序，錄列於下）

麥麩　麥片
青豌豆　豇豆
卷心菜　芹菜
蕪菁　南瓜
甜菜　蘆筍
胡蘿蔔　菠菜
柿子　番茄
扁豆　大麥
萵苣　洋葱

七 結論

碳水化物爲我人食物的最重要成分，日常飲食的百分之數十是碳水化物。碳水化物有簡單糖，如葡萄糖與果糖；複雜糖，如蔗糖、乳糖、與麥芽糖；更複雜的化合物，如澱粉與糊精；與極複雜的化合物，如纖維素；是人體內所不易消化的。

消化管道內的消化液體、酵素、與微菌，將複雜化合物，分裂爲簡單的物體，而後同化。碳水化物的功用，爲供給勞作所需的熱或能力。少量的碳水化物，貯藏於體內爲肝糖，多量的，則變成脂肪或脂肪組織。

第七章　脂肪

脂肪對於身體的功用，與碳水化物同，也是供給熱與其他的能力，不過脂肪是較碳水化物爲複雜的化合物。

脂肪廣佈於動物與植物界，其在動物的比較在植物的容易看出，因爲動物貯藏其剩餘的能力爲脂肪，植物卻貯藏其剩餘的能力爲碳水化物。動物的脂肪，多貯於組織與流體內，脂肪組織的百分之九十是脂肪，這些脂肪，不獨是施放熱，也是成爲脂肪而保藏熱，所以體胖的人，其能力之消用，與體瘦的人同，剩餘的食物，都變成脂肪。脂肪大部藏在皮膚的下層，而於腹部尤多。植物的脂肪大部藏在子的胚種中，如棉子花生蓖麻子、穀實中，都含有脂肪。水菓如橄欖，堅果如可可，也含脂肪。有許多植物的葉部和根部，亦含有脂肪。

脂肪隨着温度的轉變，有固體與液體兩種，溶化了的脂肪，稱做油，熱帶所謂的油，在温帶內也許稱謂脂肪，溫帶所謂的油在寒帶也許稱謂脂肪。我國人多用液體脂肪，歐美人都喜用固體脂肪，氣候和暖地方的人大都愛用液體脂肪，這是隨着環境的不同，而轉移好惡的。

成分

脂肪是由氫、氧、碳三種原質組成的，所有脂肪全是有機酸與甘油的化合物，碳水化合發酵後，可以獲得有機酸與甘油，所以由碳水化物能製造脂肪。體內碳水化物，變成脂肪，便是這樣的。

普通脂酸成分，在動物脂肪內的爲輭脂酸 (palmitic acid) 與硬脂酸(stearic acid) 在植物脂肪如棉子油、棕油、橄欖油、與花生油內的、爲油酸(oleic acid)。這些脂酸的化學公式如下：

油酸　$C_{18}H_{34}O_2$

硬脂酸　$C_{18}H_{36}O_2$

輭脂酸　$C_{16}H_{32}O_2$

硬脂酸組成固體脂肪，如牛脂；油酸組成液體脂肪，或稱油，如棉子油。細察上面的公式，便可看出硬脂酸與油酸的分別，是在兩個氫原子之差，將兩個氫原子加入油酸分子中，便可得硬脂酸，這個方法叫做油脂的硬化或氫化。歐美已用這法製造硬脂酸，做成豬油的代替物出售，如 crisco 與 cottolene 便是。

人造牛酪，通常含這類的氫化油脂很多，慣用奶油的人，反對用人造牛酪，因爲人造牛酪缺乏維生素；愛用人造乳酪的人，稱奶油能蓄藏肺菌與其他的病菌。實際，奶油卻較人造乳酪優良，因爲含有維生素，但不純潔與未殺菌的奶油卻較人造乳酪爲劣，所以最緊要的，還是製備須合衞生，至於維生素的營養，近來製造的人造乳酪，全已攙有了。優良的人造牛酪與優良的奶油，同爲良好的食料，人造乳酪以前名爲油造牛酪 (oleo magaain) 是由氫化油類而製成固體脂肪的意思。

烹調食物所用的油，我國多用花生油、蔴油、豆油與棉子油，美國多用穀實油與棉子油，也有用橄欖油的，惟氣味很重，大都的人，還是愛用棉子油。

惡臭

脂酸有時受了空氣中的作用，與脂肪內的甘油分離，發生不舒爽的氣味與滋味，便是我們所謂的惡臭，俗稱做饅。有臭味的奶油與豬油，必須去其存在的脂酸；用任何鹼質，都能中和這脂酸，惟以使用無毒害的鹼質物如焙碱，或石碳水為最佳。將惡臭的奶油和以焙碱水，用羹匙攪動，靜置片刻，倒去碱水，復用清水盪洗，滌去存留之碱質便完。

蓖麻子油、魚肝油、和烹飪用的油，不宜曝露於暖處空氣中，因為容易發生惡臭。油與脂肪，應常放在涼卻器中，以保持其甜味。

惡臭便是食物走味，與壞味完全不同，奶油由腐敗的乳酪或污穢的乳酪製成的，每易發生不良的氣味，這叫做壞味，預防的方法，唯有用清潔的食料，乾淨的器皿，與貯藏製成的奶油於潔淨的涼卻器內。

結論

脂肪不是發育所必需的食素，假若維生素的供給充分，食物消用後產生的能力，其供給體內之需要而有餘的，便貯藏爲脂肪。脂肪的潛能力，爲任何食物所不能及，如分量相同，脂肪比其他食物所供給的能力，要大二倍半。換言之，脂肪比較其他食物供給能力多，所以多吃脂肪食物如乳酪，與奶油等，容易獲得過量之能力，結果，體量過重。

脂肪由血液傳輸，爲組織吸收，貯存爲脂肪組織。過剩的碳水化物與蛋白質，亦貯存爲脂肪組織。

第八章　蛋白質

維生素、鑛物質、碳水化物、與脂肪，都已述過，現在要述食物成分的末了一個——蛋白質。蛋白質除與碳水化物脂肪相同含碳、氫、氧外，更含氮、硫、或磷、鐵等元素。

蛋白質爲氮化物中之最重要者，體內所有的氮素，全是取自蛋白質。體內氮含量雖微，僅爲身體的百分之二，但很重要，因爲沒有氮便沒有肌肉，也沒有生命。生命可說是完全繫於蛋白質，飲食中無碳水化物或脂肪，猶能生存片時，若無蛋白質，便會立卽死亡。我們呼吸的空氣中，百分之七十九是氮，但不能直接取用，只有間接從動物或植物的蛋白質中，攝取所需的氮素。凡生存着的細胞，都略含蛋白質，有許多的動物與植物，含蛋白質很富，植物如穀實、豌豆、扁豆、與堅果等，爲植物性蛋白質之最富取源，動物組織如肌肉、神經、韌帶、皮膚、骨節、血液、淋汜液、毛髮、與指甲等，都含有蛋白質，其最富的取源，爲卵、牛乳、乳酪、魚、與肉類。

蛋白質的功用是建造與修補組織，其與碳水化物同，亦能轉化爲脂肪。另一個重要的功用，是供給製造體內分泌物的材料，因之蛋白質在體內不能多量貯藏，這點顯然與脂肪不同。

蛋白質是極複雜的化合物就是最簡單的蛋白質，至今猶未能分析其成分。蛋白質的種類很多，大概有幾千種，現在已認識的祇有五十餘種，這些化合物都含有氮素，且相互有連帶的關係。

蛋白質的營養，不單是要充分，且須均衡適當。植物性蛋白質，在生物學上的價值比較動物性蛋白質要低，實際人們能依賴動物性蛋白質生活，而不能依賴植物性蛋白質生活，因爲植物性蛋白質是不完全的。動物性的食物亦有許多不同，譬如牛乳是富於鐵素外的各種鑛物質，肉類則富於鐵素與磷素，而缺乏鈣、鈉與氯素。現在敍述幾種動物性食物於下：

牛乳

牛乳是富於鑛物質、維生素、脂肪、與碳水化物，已屢言之，同爲蛋白質最好取源之一，是唯一近於完美的食品。乳汁亦有許多不同的種類，有幾種不適宜作食物，惟大多數的，全爲最好的食物。

牛乳爲兒童發育的理想食物，其養分亦於成年人的理想食物相近，不但含有大多數的必需物質，且各物質含量的比例，亦頗適當。成年人若能選擇食物適當，不一定須飲牛乳，但能時常進用牛乳，以防日常飲食中其他食素的不足，卻也很好。老年人不宜多飲牛乳，因爲牛乳富於鈣素，老年人需要的鈣素較少年人少，鈣素過多，會使脈管堅硬而發生 arteriosclerosis。蔬菜與水菓含鈉及其他鑛物質頗富，所以多吃蔬菜水菓，能使鈣素調節適當，老年人可以多多選食。

乳汁中以牛乳的營養價值爲最高，我國牛乳的消量很小，一因許多人不知道牛乳的好處，一因牛乳比較普通的食物價貴，假如以營養素的充分而言，牛乳不但是不昂貴，反是價廉的食物。一個國家的強弱，大概可以從她的牛乳消量來測定；消用牛乳多的國家，大都是強富的，消用小的國家，大都是貧弱的。牛乳可儘量的用於製備食物，烹調蔬菜和製備羹肴，能加拌牛乳，也是個極好的辦法。兒童最少每天飲牛乳半品脫(pint)，成年人須飲一品脫，能多飲則更好。

牛乳最要緊的，是須從清潔而健強的牛取得，經營牛乳業的人，應備置相當的工具，兼有製備牛乳合於衛生的智識，否則當即停止其營業。有黴毒與腸熱病的人，不可使在牛乳製備場操作，以防病菌的傳染。

牛乳，除非取源是十分的可信託，都應經殺菌的手續。微菌家每用牛乳爲培養微菌的媒劑，可見牛乳確爲微菌長育的好處所。牛乳殺菌簡便的辦法，便是沸煮，不過沸煮有損滅維生素，敗壞食味，與減低消化能力的危險，所以可能最好飲用未經殺菌的牛乳，但須經嚴密的檢查，否則仍須施行殺菌，即將牛乳加熱至華氏一百四十五度，熱約半小時，遂復涼卻至華氏五十度或更低的溫度，而後保存於涼卻器內。已經殺菌的牛乳，能保持長久時間不壞，如已腐敗，雖猶味甜，不宜飲用。牛乳經殺菌後，維生素不免有所損滅，應加入橘汁與其他富於維生素的食物，以彌補這損滅量。

凝牛乳與殺菌牛乳，其食物價值相等，在我國許多的地方牛乳的殺難菌以信靠，還是飲用凝牛乳比較安全和便宜，惟同時應伴用橘汁或番茄汁。

牛乳的檢查

1. 牛的健康　牛羣中牛族結核病的散佈很廣，所以應有結核菌注射液的測驗。

2. 清潔　取牛乳一瓶，細察瓶底，如乳汁中有污垢的細粒，便應拋去，因爲污垢細粒，爲牛乳包藏微菌的明證。牛的尾部、乳房部、脅腹部、與毛髮間的垢塵，爲汚穢的唯一根源，每日應將牛全身用淸水沖洗一次，將取牛乳之前，用乾淨之濕布將脅腹與乳部拭淸。牛槽尤應收拾潔淨，以免垢塵飛騰空氣中，於搾乳時侵入乳內。搾乳用的器皿，應用錫鍍裹，或是用其他不鏽的金屬製造的器皿，洗滌淸潔，並用蒸氣、沸水、或者一種能殺菌的溶液消毒。

3. 冷卻　冷卻是十分重要，可用冷水、冰水、或碎冰使牛乳冷卻，這是防止萬一有侵入牛乳的微菌繁殖，因爲少數的微菌，身體可以抵禦，千萬個微菌，便不能抵禦。微菌的繁殖極快，惟溫度低下，其繁殖率小未足致害，所以牛乳有冷卻的必要。

4. 牛乳搾取與輸送間的時間　牛乳搾取與輸送之間，僅可有數小時的間隔，不宜使早晨搾取的牛乳，至夜晚纔輸送。接到牛乳，應先將盛器的啓口洗淨，再倒出飲用。牛乳曝露於空氣中，極易敗壞，所以貯有牛乳的瓶，不宜啓口致微菌侵入而繁殖。

乳製品

乳酪　乳酪爲一種富於營養料的食物，含脂肪與蛋白質都多，爲日常飲食中最完美的一種。

乳酪含有原來牛乳中所含有的蛋白質、脂肪、與鑛物質，其製備的方法，是將牛乳中的凝結物，壓成緊迫的東西，靜置多時，並經其他的處施，以改進其滋味。

酪素　酪素爲乳酪的主要成分，亦爲蛋白質之一，有保護膠體的功用，有如能使牛乳的奶油脂肪作成乳劑便是。弱酸能使酪素與牛乳分離，在家庭內稱這種方法爲酸化。微菌能使乳糖分解爲有機酸，酪素便由此酸沈澱而下，致成酸牛乳的凝結性。使用稀醋酸，亦能使酪素凝結。使用醋也能成功，將牛乳用等量的水沖淡，加醋少些，停數分鐘，酪素即行離析。這個方法，在不要等待多時間的時候，使用最宜。

肉類

肉類是動物性蛋白質最好的取源，類同的蛋白質，如能取自牛乳、蛋或一切特殊的植物，可不食肉。許多人認爲肉非必需的食品，又有許多人以爲肉與米、麥等，應常食用。我們應偏向第一個說素，就是肉是可免除的，雖然肉在飲食中佔有相當的地位。肉是富於維生素與鑛物質，而缺乏鈣素。

瘦肉含有的鐵素，較菠菜、卵與葡萄乾尤富。少量的肉便足夠體內動物性蛋白質的需要，過多實非所需。肉的宰割與荷市出售，都須合乎衞生情形，腐敗的肉，含有死體毒，毒性極強。熱天肉須放在涼卻器內，否則很容易腐壞。

畜肉

1. 牛肉　好的牛肉，堅實而質細，色鮮而有斑點，表面裏有脂肪，脂肪堅而帶黑色。宰殺的牛，不宜過小，不足六月大的牛，其肉不佳，對於身體，無甚益處。

2. 羊肉　羊肉質細而色淡紅，其脂肪堅白成小片。較遜的羊肉，含脂肪少，好的羊肉，含脂肪較牛肉多。

3. 豬肉　豬肉含脂肪較任何肉爲多，所以也比較難消化，其燻製或用鹽醃製的，味很鮮美，惟燻與醃都不能殺滅寄生的絛蟲與旋毛蟲，所以吃的前應該煮燒。

魚肉

魚肉亦富於養分，且其滋養價值不在畜肉之下，惟含水分比畜肉多些。所含脂肪的多寡，則因魚的種類而殊，卽同一種魚，其在產卵期之前的，脂肪多而味美。魚肉較畜肉容易消化，煮爊亦不礙消化，爲病人、老人、小兒的理想食物。脂肪較少的魚，有河豚、鯛、比目魚、虎魚、馬鮫魚、鱸、斑魚、海鰻等。脂肪多的，有鰻、鮪、鯖、鰶、鰛、鯉等。

魚的成分如左：

名	水分	蛋白質	脂肪	灰分
鯉	七八·八六%	一八·九四	一·七六	一·〇三
河豚	七九·七七	一八·七四	〇·二六	一·二三
鰻	六九·二四	一八·〇九	二·五三	一·一四
鯖	七二·五〇	一九·一二	四·八八	一·四一
烏賊	七八·九一	一九·一二	〇·五六	一·四一
鯛	七七·九〇	一七·六五	三·〇七	一·三八
比目魚	七九·二五	一九·一六	〇·四七	一·一二
鮪	七一·七五	一五·七九	一〇·六七	一·八二

鯽	七九·四六	一七·八六	一·四五	一·二三
醃鯖魚	七五·〇〇	二六·一〇	二·八七	六〇·一二
醃秋刀魚	五·七五	二八·七一	六·五九	七·九五
醃鱒魚	四六·二五	三四·一四	三·九九	一五·六二
馬鮫魚	七七·七八	一九·二一	一·六六	一·三五
黃魚	七七·二二	二一·四五	〇·三〇	一·〇三
鱸魚	七七·七〇	一八·六二	二·五九	一·〇九
泥鰌	七七·三一	一八·四三	二·六九	一·五六
帶魚	七一·七七	一九·八四	七·〇六	一·三三
章魚	七四·三七	一六·四三	七·五五	一·六二

廣東地方的人民，又有吃蛇、鱉、鼉的，腥味很重，是他處人不很吃的。食用魚肉的時候，須要注意蛭蟲的寄生和其毒素，河豚的毒素，存在卵巢中，叫做 tetro-tosoxin 誤食中毒，非常危險。

鮮魚的識別

新鮮的魚，鰓的顏色由淡紅而至深紅，且肉質堅實，雖有一種海腥(marine)氣味，但毫不使人感覺不爽。又魚目光亮清晰，不沉陷頭殼內，不新鮮的魚，已發生分解作用，魚鰓呈灰或青灰色，鰓的氣味也極難受，目珠暗而下沉。

鳥肉

鳥肉的種類很多，供食用最廣泛的，是雞、鴨、和鵝肉，雉、鴿、雀肉次之。鳥肉的脂肪大多集於皮下，組織間含有的很少，所以滋味比畜肉爲淡白。鳥肉脂肪的多少，依肥瘠而不同，肥的富於脂肪，滋味佳良。

鳥肉的成分如左：

名稱	水分	蛋白質	脂肪	可容無氮物	灰分
家雞(瘦)	六七・二二	一九・七二	一・四二	一・二七	一・三七
家雞(肥)	七〇・〇六	一八・四九	九・三四	一・二〇	〇・九一
鴨	七〇・八二	二二・六五	三・一一	二・三三	一・〇九

鵝	三八・〇二	一五・九一	四五・五九	—	〇・四八
雉	七一・九六	二五・一六	一・四三	—	一・三九
鴿	七五・一〇	二二・一四	一・〇〇	〇・七六	一・〇〇

鳥肉不像畜肉的容易腐敗，且極少傳染病毒菌，可安心食用。

貝介類

我們常用的貝介類爲蝦、蟹、蛤、蠔、牡蠣，養分極適當，而味亦極鮮美。其成分如左：

名稱	水分	蛋白質	脂肪	灰分
龍蝦	七六・二九	二一・五二	〇・四二	一・七七
干貝	八〇・三七	一八・〇九	〇・二二	一・三二
蛤蜊	八四・一四	一三・一九	〇・八一	一・八八
蜆	七九・五七	一八・四〇	〇・八四	一・一九
牡蠣	八九・八九	八・四五	〇・八九	〇・七七

河蝦和蟹的成分，大概與龍蝦相似。蛙，味很美。但爲護穀的動物，不應捕食。腐敗的貝介物有害，不可食，其生於污水的，屢含有毒質，食時不可不注意。

卵類

普通供食用的卵，有鳥卵魚卵等，而消用最大的，要算雞卵，其次是鴨卵，鵝卵也有食用的，鴿卵多用於宴客，魚卵蝦卵，則於調味用之。

鳥卵

鳥卵以雞卵爲主，鴨卵和鵝卵，重量都比雞卵爲大，但蛋白質成分比雞卵差些。鴿卵量小，營養上，未必有特長。

幾種鳥卵的成分如左：

名稱	水分	蛋白質	脂肪	灰分
雞卵	七三・六七	四七・四六	四五・六七	四・〇六

鴨卵	鷄卵
七〇・八一	六九・五〇
四三・七六	四五・二五
五一・九四	四七・二二
三・七〇	三・二八

鳥卵的味，除因鳥的種類而異外，於所飼食的料也有關係，如尋吃蟲類的雞，卵味鮮美，專吃我們食餘廢物的雞，卵味不良。鴨因爲常吃魚類，所以卵味有些腥臭。

鳥卵以半熟的，最易消化，生的次之，煮熟至堅硬的最難消化。鳥卵蛋白質百分之九七，脂肪百分之七九・五，可以消化吸收。鳥卵無傳染病菌寄生，故無危險，但食時必需選擇新鮮或善爲保藏的。

鳥卵的檢驗與保藏

鳥卵因爲在鳥類產卵的時候，通過母體的輸卵管而混入微菌，如放置太久，能起腐敗作用。我們選食鳥卵時，應檢驗用的卵是否新鮮，不食用的時候，應如何將新鮮卵保藏起來。

要檢驗卵是否新鮮，可參考下列的事實：

1. 透光觀察時，倘卵內現淡紅色，除鈍端的小部分圓形外，全呈半透明的，是新鮮的卵，腐敗的卵，暗色部分愈大。

2. 投卵於百分之十五的鹽水中，生後一日的卵，必定沉下，二日的，半沉，五日以上的，浮在水面。這因爲新鮮卵比重較大的緣故。

3. 新鮮的卵，殼面有石灰質，所以沒有光澤，陳舊的，由搬運而起光滑。

保護卵的方法很多，重要的如左：

1. 保持卵在華氏二十八至三十度之間，可保持九個月至一年之久，依然完好。

2. 卵殼外面塗以石蠟、鑛脂（凡士林）脂肪、火綿膏、松脂樹膠、松節油、單檸酸等，以遮斷空氣。也有用水玻璃阻塞殼面細孔的，將卵投於一份水九份水玻璃之溶液中，這溶液須方經沸煮的。如此的卵能歷十二個月之久而不壞。

3. 洗卵，浸於百分之一的過錳酸鉀水中一小時，取出待乾，用紙包裹，置於冷處。

4. 置於木屑、籾殼、灰中。

魚蝦卵

由新鮮魚蝦取出其卵，用鹽水煮熟，曝乾，便是出售的魚蝦卵。蝦卵味美，魚卵略帶腥臭。魚蝦卵的蛋白質含有百分之二十到三十左右，營養分和鳥卵不相上下，

膠

膠爲蛋白質的一種，在飲食中有相當的價值，體內蛋白質總量三分之一，仰給於此。膠可以由魚類或畜類的皮骨與堅韌製造，化學家稱膠爲一種保護膠體，能助牛乳中酪素的凝結。膠在製備冰淇淋的消用頗廣，美國每年在這種消用上，要用膠五百萬磅。用膠冰淇淋製備的能改進身體組織與消化能力。外國餐後之食點，亦廣用膠，如 gello 便是。

上面所說的都是動物性的食物，含蛋白質較富的植物性食物，現在亦略一述及。

植物性食物中，莢豆含蛋白質較富，荳科植物的子，統稱爲莢豆，包括豌豆、扁豆等豆類。莢豆在我國飲食中，佔據重要部份，而尤可貴的，是莢豆爲均衡蛋白質的取源之一，可以代牛乳與肉類。各種大豆製品如豆漿、豆腐、豆醬汁等，在中國飲食中，多用代牛乳。

第九章　食物中毒與食物衛生

食物中毒

可以說每個人，都有一次或數次是因吃東西而中毒的。食物中毒質的存在很難察覺，比較安妥的辦法便是選擇已知道爲良好的食物而進用，可是偶爾而中毒，總是難於避免的。

中毒的狀態有兩種：

(1)嚴厲的胃腸疾病

這些疾病的病狀大都是瀉泄、嘔吐、與鬱悶，這種病毒大都來自貯藏食物於鋅或鍍鋅的器皿內，或直接由於微菌，這些微菌或是已寄生於食用的乳汁與肉類內，或是於傳遞食物時而侵入，不過經煑燒後，便完全殺滅。

欲滅少胃腸疾病，須注意下面的幾樁事。

A 勿進食黏滑、腐爛、有斑點與霉菌的食物。生的食物則宜新鮮、乾淨、與完美，並須用清水充分的沖洗。

B. 煮好的潤輭的食物，應即放入涼卻器內，以防微菌侵入。

C, 完美的食物，如烹調適當，便能滿意。

第二種的中毒，是包括中央神經系爲一種特殊的微菌 botulism 所致成，毒的發作，在食物吃下後二十四至三十六小時之內，病狀是極度的瘦憊、目眩、食物吞咽不便、說話感覺困難、精力疲乏、口腔與氣管乾燥、便祕、與脈搏滯緩等。

清潔的食物，與完全新鮮或纔烹煮好的食物，不致產生 botulism，這種病大都由於吃食罐藏食物而起的。botulism 病菌本身並無毒害，惟能產生毒質，這種毒質用熱煮可以毀滅，經數小時水沸點溫度的熱煮，botulism 菌或不致殺滅，但它所產生的毒質卻已消除。不用水而熱至攝氏八十五度，亦能消滅這種毒質。

陳腐的食物屢含有毒質，新鮮而完美的食物則無。故陳腐的食物，不宜嚐食，因爲偶或有生命的危險，其如將食物面上的霉斑抹去而食之，雖不致有何大傷害，然總非食物經濟的好辦法。罐藏的食品，若能注意其氣壓力，可減少不少中毒的機會，如罐藏的是菠菜、穀實、豆類等，則應再煮燒一次，以消滅萬一有存在的 botulism 毒質。botulism 菌散佈極廣，大都的泥土中都含有，所以食物勿使沾有汚泥。尋常的烹調，不能毀滅微菌的堅殼，食物煮燒後，放置片時，毒質能復現，所以煮後一二日的食物，應再煮燒一次而進食。

食物衞生

在不論什麼地方，食物總是傳染病的根源，因爲食物在運輸與攜傳時，除非很合衞生的裝於封緊的器皿內，很容易沾染菌毒，許多的疾病如痢疾、霍亂等，都是吃食有菌毒的食物的結果。我國又大都用屎糞作田肥，所以至少蔬菜的百分之二十五，沾染痢疾病的變形蟲。蒼蠅、汚穢的市場、與攜傳食物者的垢手，都可保證病毒的傳染。

這些傳染病菌應留意勿使侵入橱房，所以肉類、蔬菜與水菓等食物，於未攜入橱房前，應全部洗淨，必需時可用化學溶液殺菌。最有效力的殺菌劑爲次亞鹽酸鈉（sodium hypochlorite）製備經濟而便利，將一磅碳酸鈉溶解於兩加侖熱水中，另將一磅漂白粉溶解於一加侖冷水中，倒入碳酸鈉溶液內，停止片刻，待組成的白沈澱物完全下降，上面的清澄溶液，便可供用。應用時，將此溶液一杯，和入三加侖清水，這樣的配合，對於人體沒有損害。有時過錳化鉀（potassium permagnate）也可使用，卽將結晶過錳化鉀，溶解於水，配成淡紅色溶液而使用。

食物經過殺菌與謹愼的處施，其存在的病菌雖不能完全消滅，那殘存的病菌，數量一定很少，不能致害身體的健康，況且我們身體本身，亦有抵抗病菌的能力，如胃內的鹽酸，能殺滅許多的微菌。

第十章 冷藏與罐藏

保藏食物的方法，普通有燒煮、乾燥、燻煙、鹽藏、冷藏、與罐藏等。冷藏和罐藏在歐美諸國，已應用很廣，在中國還是很新鮮的東西，遂有一述的必要。

冷藏

冷藏就是把食物放在寒冷的地方，防止食物的酸化與腐敗，因爲普通認爲食物的酸化與腐敗，爲微菌繁殖的緣故，在低溫度，微菌不易繁殖。普通用的冷藏器是冰箱，這比舊式的穴藏與紗橱要進步得多，但近代的電氣冷藏，則更較進步了。

電氣冷藏有許多地方，要比用冰冷藏的方法優勝。第一是電氣冷藏的溫度，比尋常用冰的低冷，並可保持溫度始終一律，使食物保藏很久時間不壞。第二是電氣冷藏是乾燥的冷藏，能加增防止黴菌繁殖的效率，惟不好的地方，是容易使芹菜、萵苣、與其他等蔬菜枯萎，若用羊皮紙包裹保藏的蔬菜，可以防止這個弊病。第三是電氣冷藏是安全的。在許多的時候除非已將食物燒煮過，冰箱的冷度是不足防止 botulism 菌的生長與其繼生的毒質。電氣冷藏的溫度頗低，是以平安而可靠。

罐藏

罐藏是法國 Appert 氏發明的，其理論是用熱殺滅現存的細菌，再遮斷空氣，防細菌的侵入而永不起腐敗。實際上，因爲殺菌不完全，所以仍有腐敗的事情。

家庭罐藏與商業罐藏，在理論上沒有多大分別，不過商業罐藏，比較科學化而已，知道某一種食物，應用某一定溫度，和在該溫度蒸煮若干時間。現在美國家庭罐藏的研究，成績極良，所以許多食物可以在家庭罐藏，且頗科學化。最要緊的，就是溫度與蒸煮的時間，須調節適當，使食物能保久。同時又不損害維生素的含量。

罐藏的方法

罐藏的舊法，即做罐法，將食物煮燒至認爲可以的時候，遂倒入一剛洗淨的缸內，將蓋蓋上紮緊，而後將缸倒置。煮燒是殺滅微菌與其他的微生物，倒置是藉缸內的熱物，將缸蓋施行消毒。沸煮是驅去空氣，涼卻後便成眞空。這方法施用於水菓的罐藏猶可，施用於非酸性食物則不爲功，若施用於蔬菜，則損失很大。

近代的方法是將食物放在封緊的器內煮燒，已大部代替了舊法。罐藏最要緊的，不論在家庭或工廠，須先去食物之皮，藉降低食物的膨脹程度，不致使組織枯萎，這樣食物能更完滿的保藏着。新鮮食物，浸於沸水或露於蒸汽中數鈔鐘，便能去皮，有的食物，須於剝皮水內，加入食鹽、焙碱、或碱塊等，而後放於玻璃或錫器中，在一定溫度中蒸煮一定時間，纔能去皮。如此情形的，用壓力煮燒，最爲適宜，因爲壓力煮燒須用的溫度，較尋常蒸汽煮燒的溫度爲高，所需的時間也較短。

下列兩點，可備爲家庭罐藏的參考：

1. 應用乾淨、新鮮、和完美的物品，污穢、陳腐、醱酵、酸化、泥污、和有蟲的水菓與蔬菜不易殺菌。祇將最好的食物藏罐。

2. **將已藏罐的食物，放櫥房內，檢察與確信其能保藏十日之久，方可食用。**

罐藏食物與新鮮食物

水菓與蔬菜，都在剛成熟的時候藏罐，罐藏場所，應設在食物的產地，譬如，桃子剛成熟的時候，便可藏罐。將成熟而採下後成熟的桃子，沒有什麼滋味。其他許多的水菓與蔬菜，也是這樣。實際，罐藏食物，比較新鮮食物，滋味與質地都好，除非這些新鮮食物是十分成熟後而摘取的。

番茄兼有水菓與蔬菜之長，且富於鑛物質與維生素，而又有清瀉與增進食慾的功用。罐藏番茄，含番茄原有的食用價值，無絲毫損失。

豌豆富於維生素甲、乙、與丙，商業罐藏方法，能保持豌豆原有的維生素含量，不過維生素丙略減損。豌豆青的時候便行罐藏，成熟的豌豆含維生素甲少，維生素丙更少。小豌豆含維生素較大豌豆爲富，因爲隨着成熟的進程，維生素含量，逐漸減少。罐藏的豌豆含維生素在藏罐之先，較市上出售的豌豆尤多。

罐藏對於食物之價值有無損礙

罐藏對於蛋白質、脂肪、與碳水化物，並無損害，惟鑛物質略溶於汁液內，然較煮燒食物之鑛物質溶解於水要好多了。罐藏對於維生素有無損害，據研究結果，已證實近代商業方法所藏罐的食物，其維生素含量實較市上所販售的與家庭內煮燒的爲多，譬如罐藏的卷心菜，維生素丙含量比較日常家庭內煮燒的要大五倍，所以我們如不採用無水烹調法以煮燒食物，那還是吃食罐藏食物比較的滋養料來得多。至於微菌一層，罐藏食物所含的微菌，卻較生的與未十分煮燒過的食物要少。

食物應否置於啓口的罐內

這是主婦們普通的印象，以爲罐頭啓口後，罐內的食物，應即傾於陶器或玻璃器皿內，其實食物置於啓口的玻璃器皿內，其能迅速的敗腐，與置於啓口的罐頭內正相同，因爲敗腐食物的是微菌，微菌侵入啓口的盆內與侵入啓口的罐內是同樣的容易。所以唯一的問題，還是罐頭啓口時，罐頭的金屬，有否作用，引入毒質於食物內。在現今罐頭裏面都用油漆塗抹的情形之下，這一點可絕對的無庸顧慮了，就是未曾塗抹油漆，錫與鐵也不會發生什麼作用，除非罐內所放的食物是酸性食物，這也許是可能的。萬一罐頭內的錫溶解於食物中，也沒有致害的證示。

什麼時候罐藏的食物可以安食無危

我們如果能在罐藏食物啓罐的時候，仔細觀察一下，並先嗅其味而後食用，便極少會中毒的。

1. 開罐前的檢查

錫的罐頭，兩底都應平正或略向內彎，不宜凸出，或撳壓時向後挺出。要是發覺有這類的情形，即拋棄而勿顧惜。此外罐頭之四邊，均須緊封，不宜有漏洩之處。遇爲玻璃器皿，除非是用玻璃塞子的，蓋子務須蓋緊。蓋子應平正或略向內彎，橡皮圈與瓶口應毫無漏洩，邊緣有滿痕的缸，應拋去勿用，注意缸內所存的食物有無發霉、敗腐、褪色、和其他殊常的情形。

2. 開罐後的檢查

可疑的食物除非是煑燒過的，切勿嚐食。許多人因爲嚐食敗腐的食物而損及生命。罐頭啓口時（不論是錫的或是玻璃的）空氣應向內吸收，而不應向外沖出，更不應有汁液潑撒的情形，其氣味應爲該物原有的氣味，若有硫黃或其他不爽的氣味，則勿食之。不應有絲毫敗腐、發霉或其他殊常的現狀，錫罐的裏面，應淸淨而光亮，或油漆甚好。

若知道食物已敗腐，即宜拋棄，若檢查後而猶未能斷定，則加入一半分量的沸水而重煮燒，罐藏蔬菜，最好沸煮，這也是一個更小心的辦法。

第十一章　嗜好品與調味品

嗜好品

咖啡與茶

對於飲用咖啡與茶，有許多不同的見解，和錯誤的評論，現在，根據科學，把咖啡與茶的眞確事實，敍述於後，以供一般關心飲食的人參證。

咖啡與茶，都含有鹼質物 caffeine，這與在可可中可尋獲的 termobroim，爲一類的東西，都能致興奮和使精神煥潑，與飲酒後的感覺相同，惟所異的，是最後不致精力萎頹與衰靡。飲用咖啡與茶，血脈暢活，不覺倦困，但不斷的飲用，結果能釀成高血壓，並影響及腎與肝的健康。

Kellogg 博士說過，許多人患失眠、神經衰弱、慢性憊疲、胃滯、脈管硬固、便祕、與其他等疾病，都是因爲慣用咖啡的原故。茶與咖啡，都含有多量的單寧(tanin)，普通的茶葉，含有百分之十五單寧，Acsam 茶葉含的更多，約百分之三十二。單酸極易溶解，所以尋常製備的茶含單酸頗濃。咖啡，則有幾種製備方法，可以減少單寧含量，不過通常所製備的咖啡，也全富於單寧。

茶有嚴酷性質，每能致便祕與胃病。其含 caffeine 較咖啡多，所以通常製備茶用茶葉少，製備咖啡用咖啡較多。鹼質物有尼古丁、strecknine 與 caffeine 等數種，都能致癮，所以慣用茶與咖啡，雖量很小，久而亦能成癮，不過有許多人已成癮而不覺得罷了。偶爾飲用茶與咖啡，對於大都的人，並無傷害，對於神經衰弱的人，雖尙能支持，最好還是不飲爲宜，因爲很容易成癮，可是神經衰弱的人，都有喜飲茶與咖啡的習慣。

咖啡，如飲用適當，也能裨益，因爲咖啡能加增智力活動，惟祇能偶爾用之，是有效的。在考試之前或做一件需要特殊智力與勞力的事之前，飲咖啡一杯，能發生興奮的功效，且於身體亦無傷害。若常用以增加智力，日久則需要咖啡的量，必須增大方能隨願，咖啡飲量逐漸增大，結果每發生各種的疾病。在發育時期的兒童，尤不宜飲茶與咖啡。

酒類都含有酒精，高粱、燒酒、白蘭地等，含酒精很多，多飲能發生種種疾病。麥酒與葡萄酒中，酒精含量較少，然多飲，亦有礙養生。酗酒的人，多患肝臟病、心臟病、中風病、與神經病，因爲酒精有害內臟，能使血管硬化，至老年時，更會發生種種疾病，而至無可救治的地步。其害不特個人，且延及子孫，所生子女，多白癡和薄弱。一般人每喜飲酒禦寒，殊不知爲害之大，反在不飲酒之上，因爲酒精被胃吸收，因一時之興奮而發生熱，皮膚的色管，乃因之擴大，及酒氣退後，血管不能及時收縮，體溫反易發散，致發生嚴惡的感冒，所以即是嚴寒季令，亦以不飲酒爲宜。

酒精飲料不特有礙養生，且害及社會，一般犯罪與怠惰的原因，多半是由於飲酒。美國一酒癖家族的子孫七百零九人中，六人爲私生子，一百八十一人爲賣淫婦，二百六人爲乞丐，七十六人爲犯罪者，美政府因此一族所費去的金錢，達二百五十萬圓之鉅。又醉後受胎所生的子女，多數不良，理斐喜氏曾作一個調查，酒醉受胎所生的小兒九十七人中，無異狀的僅十四人，其他八十三人皆罹疾病，如癲癇、白癡、肺癆、及發育不完全等，這些直接或間接有害於社會不淺。

Kellogg 博士曾綜合近代科學對於飲用酒精飲料的評語如下：

1. 在任何情形之下，酒精絕不會加增身體的精力，它的毒質有害生存的細胞，反能使活力漸漸降低至可驚怖之程度。

2. 酒精絕不是滋補品或興奮劑，永遠是一種麻醉物，妨礙身體的進程與減低神經的精力與活動。

3. 酒精永遠減低絕不加增心臟的能力，在衰弱、萎靡、暈眩等時，更是有害而無利的。

4. 酒精加增染受能傳染的疾病的機會，並阻礙避疫能力的發展。

5. 酒精不但不補助消化，反停止消化，尤其是在消化能力薄弱的時候，是以餐時飲酒，是絕對非科學化與不合理的。

可可與巧格力

可可與巧格力，同是採自 Theobroma 可可樹，主要的區別是可可含有一部分由樹果壓榨出的油，巧格力則沒有。經營此業的人，祇讚揚可可與巧格力含有維生素、脂肪、與鑛物質，但不提及所含的 theobromine 與 caffeine 等鹼質物。theobromine 沒有 caffeine 那樣的有害，這便是可可與巧格力勝於咖啡與茶的地方。巧格力與可可在飲料的食用價值上，亦有相當地位，這又是比較咖啡與茶可稱道的一點；可是講究飲食的人，始終是反對飲用可可與巧格力的。

冷飲

歐美各國，冷飲極盛行，已成爲一種熱狂。我國現在也逐漸在風行。冷飲飲料，大都是含有碳酸氣的糖與水溶液，用食物着色和增加滋味，沒有食用價值，惟飲用少量，亦不致有害。冷飲飲料中含的糖，至體內能很速的同化爲與奮劑，所以在熱天飲用冷飲，不見得能感覺多麼清涼，惟碳酸氣卻於身體有幾種好處，且能幫助殺菌。

冷飲，有汽水、菓子露、冰淇淋、冰水、可口可樂（coca cola）、鮮橘水等，少飲可以助消化，多飲反有害於胃。

調味品

許多食物，雖富於營養素，然不易進食，故須加鹽、糖、油、醬、醋、胡椒、葱蒜之類，以調助食味，使食味佳良，而增加食量，這類食物遂稱爲調味品，因爲附加於食物，所以又稱做附加品。

調味品有兩種：

1. 含有不揮發性戟刺油類的，這類包括芥子、胡椒、番椒、薑、葱、蒜、等。

2. 含有揮發性油類的，如薄荷與麝香。

食鹽也是調味品之一，但是有人認爲食物的一種。

這兩類調味品，都是能引起興奮致成癮癖的東西，不宜使用過量，因爲過量能刺戟體內各消化機官，而使發炎，故少用爲宜。

胡椒、芥子、與這類的東西，吃在口內，因被食物混裹和攙稀，刺激的力量尚小，及至腸內，食物消化而被血液吸收，這類刺激品，便留集一起，因集積量多，與腸膜又有長久時間的接觸，便發生刺激作用。血脈管硬化，一部分是因爲吸收了調味品中的毒油。腎臟炎，也是因爲腎臟排泄這些毒物時受傷而發生的。

調味品的滋味很不自然，惟慣用了，便不覺得。調味品雖有刺傷消化器的弊病，但也有一種好處，便是可以用作食物的防護劑。食物中加入胡椒、芥子、薑之類可保藏許多日子不壞。

醋

糖經發酵作用，便產生酒精，如放於空氣中一些時候，這作用便繼續，酒精乃轉化爲醋酸。濃醋酸是有毒的，醋的主要成分是醋酸，所以醋是有害於身體的，不宜多用。尋常的醋含有醋酸百分之四至百分之九，這便是有的醋比一般的醋濃強的原故。通常的醋，都有顏色，蒸餾醋沒有顏色，可以從酒精製造。有的蒸餾醋，是加 caramel 使有色和用 acetic ether 使有滋味的。

醋沒有營養價值，但在家庭內，卻有許多用處，略述於下：

1. 解除鹼毒　強性鹼如肥皂、氨水等，誤入腹內，能發生強烈毒性，若飲大量的醋，可以解除，且飲時不覺難受。

2. 沐浴　晝間操作過勞，或曾步行遠程，致肌肉疲困，感覺酸痛時，最好的治法，是用溫水加醋酸一茶匙沐浴，可消痛而頓覺舒爽。

3. 洗滌器皿　銅、鉛、鋅、鐵等金屬用器，與玻璃器皿，用水洗滌時，水內加醋與食鹽少許，可使光亮。

4. 治咳嗽　咳嗽而喉部發癢，飲醋與蜜的混合物一兩匙，可以治痊。

5. 使空氣清鮮　廚房內因食物沸煮過度而有的惡氣味，如撒醋少些於地上，即可解除。病室內空氣多半穢惡沸煮醋液，可使新爽。

6. 去治疣瘤　濃醋或濃度百分之十的醋酸，可除去皮膚上的疣瘤，且不遺斑痕，又不覺痛困。

7. 除去汚漬　衣服沾有顏料、水菓、膠與霉等汚漬，可用醋洗去。

焙碱與酵粉

西方家庭的烹飪，多用焙碱（baking soda）（即酸性碳酸鈉），因爲能中和食物中的酸類與產生的碳酸氣，譬如調製奶油番茄湯，在調加牛乳之前，略加焙碱以中和番茄的酸性。這樣，容易損滅維生素丙，不過焙碱的抗酸性質，能醫治不消化病，據說也可治中寒。惟慣用蘇打，結果，體內鹼質太多，產生鹼質病（alkalosis）。

酵粉爲一種混和物，包含焙鹼、酸（酒石酸）、與保持乾燥的澱粉，是以不用的時候，不發生作用，其經過發酵作用後的，留下有緩瀉功用的渣滓，惟量很小，不能引起人們的注視。酵粉對於身體，沒有傷害，製備的方法亦很簡單，混合一分澱粉，二分焙鹼，與四分酒石精，研成細末，充分混和，用細篩篩過，卽得酒石精酵粉。

結論

關於食物，「選食某某」實較「不宜吃食某某」要重要，如能進用適當的植物，和少用各種刺激品，可增進不少愉快，否則所得的結果，必將相反。

第十二章 食物的科學製備

前面已數處提及烹煮食物的方法，並表明要保持給予健康的鑛物質與維生素，烹煮時有不用水和在低溫度的必要。然而這樣，又爲何要煮燒食物呢？有人提倡食物應取其原來天然的而食之，許多食物生的便適口而能消化，如牛乳、水菓、堅果、與有幾種的蔬菜。

從經濟與生理的立點而言，都感覺適當煮燒食物是極重要，價廉的物質，如烹煮適當，可與價貴的東西一樣的完美可口，最好的食物，如使用不愼或烹煮不適當，也能敗壞而不可食用。

食物經煮燒後，便起各種變化而更適口與更易消化，如蛋白質便凝結而更易消化，肉之組織便疏鬆而易消化，蔬菜便軟化而改進滋味。至於食物衞生，也是煮燒食物的又一最好理由，因爲大都有害的微菌，在煮燒時完全損滅。

油煎

澱粉食物用脂肪沸煎，澱粉遂爲脂肪包裹，在口內與胃內，便不完全消化，待傳輸至腸內，脂肪消化，未消化的澱粉則已不能消化。

脂肪與油爲食物中有價値的東西，但宜用他種方法做成食物方妙，若用油煎澱粉的食物，實在是最不適宜的辦法。

無水煑燒

在鑛物質一章已說明剝皮的食物，用水煑燒，大都的鑛物質、維生素、糖與食物的滋味素，便行失去。歐美家庭尋常製備食物都用水煑燒，因而胡蘿蔔失去其食用價値之百分之二十至三十，卷心菜失去百分之三十至四十，番茄失去百分之五十。這是一個極大的損失，不但剝除食物原有的調節物質、鑛物質與維生素，且使食物不易消化與不適口。

家庭內食物的剝皮煮燒，與商業上米麥之舂磨精製，是同樣的不好，於是食物之適當製備，便成爲一件極重要的事了。我國烹調食物的方法，比西方的要進步，因爲用水煮燒的很少，煮燒後將水倒去則更爲罕有。用水煮燒的，除調製湯羹外，只有煮粥與製飯二種，煮粥用水較多，所以粥含養分較飯差些，製飯因爲水大都爲米所吸收，所以養分失去不多。我國廣東福建等省人民，多用水蒸飯，米中的要素可說全未失去，這也就是近代烹煮食物的理想方法的一種。

西洋方面經科學研究的結果，已發明了幾種不同的無水煮燒器，可不用水在低溫度煮燒食物。這個煮燒方法，有下列的好處：

1. 無氣味
2. 不沾膩
3. 無油膩
4. 不用攪拌
5. 不用看着

6. 不致燒焦
7. 不致將橱房散滿水汽
8. 肉類不致縮小
9. 不用剝皮
10. 不致沸煮過度
11. 無洗滌煮器的困難

同時又節省不少燃料，可以省下百分之二十五至七十五的燃料費用。由這方法烹煮的食物，使人容易感飽，水菓與蔬菜可連皮烹煮，烹煮後去其皮，與食物毫無損害。

第十三章　便祕與便祕有關係的疾病

日常飲食，關係便祕很大，便祕是極普遍的疾病，在鑛物質一章，已曾提及，茲為更詳盡起見，將便祕的原因、療治與防止的方法，再聚總的敍述一下。

便祕的原因、療治與防止

原因	預防與療治
缺乏維生素尤為維生素乙	充量攝取維生素進食全整的穀實食物蔬菜與酵母等
缺乏粗糙物（纖維素）	充量攝取纖維素吃全整的穀實食物水菓植物與蔬菜
調味品過量	使用少量調味品
咖啡與茶過量	少飲咖啡與茶
慣服瀉藥	未得醫生之允許勿輕自妄用
缺乏運動	增加運動
缺乏水分	每天最少飲水兩夸脫

食物過急	吃東西須細嚼
熱飲	**餐時勿飲過熱的東西**
餐食無定時	**餐食須有規定時間勿吃零食**
睡眠不足	睡眠須充足
呼吸不合法	**學習深呼吸**
行動急促	須從容有充分的時間
姿勢不正	坐立須正直
吸煙	勿吸煙
飲酒	勿飲酒

最有效的療治與預防方法，還是選食天然食物，與烹調適當。

便祕不是便解次數的多少乃是食物停留於腸內時間長短的問題，所以即是每天便解，也許仍有便祕病的。通常，食物通過身體的時間，應爲十八小時，我們體內的食物，其輸送是否合於這個時間。可以檢查，即吃紅甜菜與巧克力，而計算至有紅或黑色排泄物間的時間。照理便解的次數，應

與餐食的次數相等，卽每日三次，但大都的專家皆認爲一天一次，便也完滿。

瀉藥的使用

瀉藥有鑛物的與植物的兩種，鑛物瀉藥，大都含有磷酸鈉，或硫酸鎂等，其作用是由血液抽濾水分，輸入小腸，將阻塞物沖出。這於身體很有害處，因爲血液中水分的損失，與腸道刺激能使身體柔弱，所以未得醫生之允許與指示，勿輕自服用。

植物瀉藥，有蓖蔴油、旃那葉、蘆薈脂與大黃等，都具刺激性，能使神經系過分的敏活，很容易成癮癖，且需用的量又須逐漸加增，方能過癮。用久，小腸麻木，對於通常的刺激，亦便不生反應，結果反得所有的便祕痛苦，所以勿應隨意服用。

防治便祕的物質

鑛物油　精煉的鑛物油，不爲血液吸收，存留小腸內，潤滑腸道，有利排泄。鑛物油對於食道，也無傷害，實爲防治便祕的有效物質，惟缺點是使食物的消化滯遲，因爲食物沾有油質，水分不能侵入，和消化液不能與之接觸。這卻不很重要，如在晚餐後數小時服用，更沒有多大關係。

糠麩　糠麩比較質粗而難消化，故能使腸道膨脹，刺激便解，用治便祕，可得很優良的效果。

植物酵母　用植物酵母醫治便祕，極有效驗；對於身體不但沒有傷害，更加增體內維生素乙與庚的營養。

飲水　清晨飲冷開水一杯，能助便泄，所以若能養成晨起飲冷開水一杯的習慣，也是預防便祕的一個好方法。晨起飲鹽水一杯亦很有益處。這鹽水的製備，是溶解通常食鹽兩茶匙於一夸脫溫水中，其濃度與血液的濃度很近，經過胃腸而泄出，不爲血液吸收。飲鹽水後，若躺臥一二小時，便更有效。如鹽水飲後三十至四十五分鐘內，不泄出，便是腸有損傷，鹽水被停止，乃不宜續飲，以免體內鹽分堆積過量，而發生別種危險。

關於便祕的幾點

1. 患有便祕病，則蛋白質食物即受腐爛細菌作用，發生毒質，使腸肌肉神經死亡，而愈加重便祕病況。所以醫治便祕，最緊要的，是應選食蛋白質少的食物。

2. 與選食蛋白質少的食物同樣重要的，是設法糾正腸狀態，如第十九章中所說的。

3. 便祕可不經醫術而能療治。

4. 防治便祕最重要的是飲食，如注意食物而仍無效，便須注意運動與休息。

5. 便祕可用下面的簡單方法來檢查，即早餐時吞服含洋紅五克之丸粒二個，或吞服炭粉一茶匙，注意有紅或黑色糞便的時間，與糞便失去顏色的時間，這兩個時間的平均數，不得超過十五小時，否則便是有便祕病了。

6. 上午十一時，下午五時與睡眠時，吃水菓少些，可防便祕的發生。

7. 每天淸晨與晚間作仰臥，兩腿向上舉，愈高愈好，由十至四十次之多，也能避免便祕。

與便祕有關係的疾病

便祕的結果，往往產生逆蠕動，卽腸內含物，行動於反逆方向，致發生胃病、嘔吐、胸惡、厭食、打噎、與呼吸困難。這些疾病，有時是因爲膽囊病、瘡潰、或盲腸炎的原故，惟便祕卻是一個重要原因。肝臟病是因爲吸收膽汁太多，也是便祕的結果。患便祕人的腸內，每有腸毒，能致頭痛、高血壓與腎炎，又性慾特旺，和容易患痔瘡，與感覺疲憊。

抵抗便祕的食物

有的食物，能促進腸蠕動，這種食物，可分兩類：第一類含有有機酸，如柑橘、梅實、番茄等；第二類含有粗糙物，卽纖維素一類的物質，如全整穀實、水菓等。

茲將能抵抗便祕的食物，彙錄於後，以供參考，最好能每日選食其中的一種。

第一類——水菓類

柑橘、葡萄、桃、蘋菓、梨、李、梅、杏、柿、胡桃、葡萄乾。

第二類——蔬菜類

菠菜，萵苣、蒲公英、卷心菜、芹菜、蘆筍、洋葱、蕪菁、番茄、花椰菜、甘薯。

第三類——粗穀實類

全麥食物、麩質麵食物、裸麥食物、燕麥食物。

第十四章　蛋白質需量

多少蛋白質是需要的？人體腸內，隨時有很多的一種微菌寄生着，這種微菌，能使蛋白質腐爛，產生於身體有極大患害的毒素，叫做屍毒，並放散硫化氫臭氣，與其他硫化物。便祕極利於這些物質的產生。這類物質，被吸入血液內，能發生頭痛、虛弱、和更厲害的疾病。要減少腸內食物的腐爛，最好是限止蛋白質食量與細細咀嚼食物，使蛋白質能迅速消化。

人們精力疲乏的時候，往往多吃肉、蛋與牛乳，欲補足所缺乏的維生素與鑛物質。其實，蛋與牛乳是富於蛋白質的食物，多吃祇能加增蛋白質量，但過量的蛋白質，並、能彌補其他質素的不足，仍須吃食含有這些不足質素的食物。

蛋白質是食用價值較大的一種物品，過多的蛋白質，不能貯蓄體內，所以從經濟方面而言，也祇求能供給身體產生最高之效率便足，不宜食用過多過多反使排泄廢物時需要巨大力量。便洩時需用力量過大肝與腎每不能勝任，有隨時停止其作用的危險，如肝臟病、痛瘋、瘋濕痹等便是多吃蛋白質的結果。Newburgh 氏曾將兎子作試驗，發現蛋白質過多能發生 arterioxlerosis 與蛋白質尿病。

蛋白質是身體不可少的東西，過少固然不宜，過多亦有上面所說的害處，多少蛋白質爲最適當，便成了一個很重要的問題。二十五年前，許多人認爲蛋白質量應佔飲食的大部分，在今日，這個見解猶傳佈很廣，以爲肌肉與血液的製造是需要消蝕蛋白質，而所謂蛋白質，又大都是指肉類。由許多考察的結果證實蛋白質的最大需量，一日約九十克便足產生最高效率。日常飲食的總加羅列的百分之十五，已足供給這蛋白質量發育的兒童因較成年者能消用多量蛋白質，故可略多吃。娠婦亦可特別多吃蛋白質，可佔全飲食的百分之二十。年高的人消用蛋白質的能力減低，所以蛋白質的需量也應減少。

Sherman 氏選定下面的飲食條規，造個不但蛋白質的量配合適當，其他的食素量也很均衡，如烹調適當便可稱爲均衡食物。Sherman 氏的飲食條規，是將飲食的配製分爲五份：

1. 植物與水菓爲三分之一。

2. 牛乳與乳酪爲五分之一有餘，若能爲四分之一則更佳。

3. 肉、家禽與魚、少於五分之一，若爲六分之一更好。

4. 麵包與穀物爲五分之一。

5. 脂肪、糖與其他食物如時鮮食物，爲五分之一。

勿專賴肉爲蛋白質的取源，因爲肉非均衡食物，鈣質很少，維生素亦不足，且缺乏難消化的利便渣滓物。牛乳、蔬菜與水菓，價格旣比較肉低廉，又較肉富於鑛物質與維生素。

第十五章　能力需量

胖碩

胖碩，大都爲過食與暴飲的結果。過食與暴飲，都違犯自然律，所以嚴格的說，胖碩也是一種犯罪，胖碩的人，便是違犯自然律的罪人，和違犯國家法律拘禁牢獄中的犯人，是同樣的可憐。不過胖碩僅有傷自身，並不累害他人，所以法律並不駕御胖碩的人。在未詳細述及胖碩之先，讓我們審查一下我們自己是否是這種罪惡的犯者。檢查的方法，是檢查體量是否過重。茲將成年人的體量與體長用表錄列於後，關於兒童的正當體量，可參見第十八章。

胖碩的原因　體量過重，少數的人，是因腺的作用失去常態，這是可以醫治的，大多數的人，是因爲過食，而過食是因爲選擇食物與烹調食物的不當。體胖的人，吃肉、糖質、與澱粉過多，水菓與蔬

體長與體量表

男子

年　齡	15–24	25–29	30–34	35–39	40–44	45–49	50–54	55–60
5呎 2吋	124	128	131	133	136	138	138	138
5 ,, 3 ,,	127	131	134	136	139	141	141	141
5 ,, 4 ,,	131	135	138	140	142	144	145	145
5 ,, 5 ,,	134	138	141	143	146	147	149	149
5 ,, 6 ,,	138	142	145	147	150	151	153	153
5 ,, 7 ,,	142	147	150	152	155	156	158	158
5 ,, 8 ,,	146	151	154	157	160	161	163	163
5 ,, 9 ,,	150	155	159	162	165	166	167	168
5 ,,10 ,,	154	159	164	167	170	171	172	173
5 ,,11 ,,	159	164	169	173	175	177	177	178
6 ,, 0 ,,	165	170	175	179	180	182	182	183
6 ,, 1 ,,	170	177	181	185	186	189	188	189

女子

年　齡	15–19	20–24	25–29	30–34	35–39	40–44	45–49	50–54	55–60
5呎 0吋	113	114	117	119	122	125	128	130	131
5 ,, 1 ,,	115	116	118	121	124	128	131	133	134
5 ,, 2 ,,	117	118	120	123	127	132	134	137	137
5 ,, 3 ,,	120	122	124	127	131	135	138	141	141
5 ,, 4 ,,	123	125	127	130	134	138	142	145	145
5 ,, 5 ,,	125	128	131	135	139	143	147	149	149
5 ,, 6 ,,	128	132	135	137	143	146	151	153	153
5 ,, 7 ,,	132	135	139	143	147	150	154	157	157
5 ,, 8 ,,	136	140	143	147	151	155	158	161	161
5 ,, 9 ,,	140	144	147	151	155	159	163	166	166
5 ,,10 ,,	144	147	151	155	159	163	167	170	170

菜不足，不能供給體內足量的鑛物質與維生素補救的方法，祇有養成多吃各種食物的習慣，以應合體內各種食物元素的需要。可是攝取這些元素的方法要適當，如專飲糖水以應體內水分的需要，或將食物剝皮與沸煮後食取其鑛物質與維生素，那便完全錯誤，由糖水取水分，則糖質過多，有致胖碩的危險。吃食過餘食物，即極微的過餘，也能至胖碩，一天多吃一小塊奶油，十年足使體量加倍。這小塊奶油所含的能力，足以使一人每天步行一哩或三分之一哩的路程，所以假若每天少走一哩或三分之一哩的路程，也能致胖碩。

我們能力的收入如比放出少的時候，體量便將減損。體量約一百七十磅的人，一日需要的能力約二、五〇〇卡（calorie）。這能力的百分之十是存為蛋白質，若愛體胖，或擔任勞動的工作，則能消用約一〇、〇〇〇卡的食物能力。卡是能力的單位，一卡為一克水升高攝氏表一度所需之熱量。

下面為能產生二、五〇〇卡的一日飲食的例子，含足量蛋白質，從這例子可看出能滿足最大需量的肉量；這個例子，又能給予我們一個普通的觀念，即若干食物可產生二、五〇〇卡。

早餐

卵	一箇	五三〇卡
醃肉	四小片	
朱欒	半箇	
全麥麵包	一片	
奶油（吃麵包用）		
乳酪與糖（飲咖啡或茶用）		

午餐

蔬菜湯	一杯	一一六五卡
夾乾酪的麵包	二中片	
番茄	一箇（中等大小）	
牛乳	一品脫	

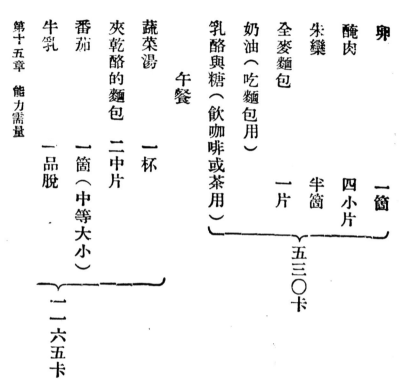

小圓片糕餅	二箇
香蕉	一隻

晚餐

全麥麵包	二片
甘薯	一箇（中等大小）
奶油	一小塊
菠菜	半杯
桃	一箇（中等大小）
胡瓜（製成生菜食品）	半杯
鮮 lima 豆	三分之一杯

（以上）八〇五卡

總計二五〇〇卡。

若體量過重或身體肥碩，需要減瘦的時候，可參閱下列的幾個簡單規條。

1. 減少食量。
2. 選吃卡低的食物。勿吃奶油、乳酪、油或脂肪，極少吃糖，減低米麥食量。
3. 選食有緩瀉功用的食物，如柿、朱欒、梅、橘、糠麩、菠菜、胡蘿蔔、蔬菜與蜂蜜等。
4. 多飲水。早餐前飲水一玻杯，一天最少飲二夸脫水。
5. 勿吃有刺激性的東西，如巧格力、可可、咖啡等。
6. 多吃水菓。
7. 吃富於纖維素的食物。
8. 餐後勿吃甜點。

瘦減飲食

要身體減瘦，可多吃下面的食物

水菓：一切新鮮有汁液的水菓，尤爲酸性冰菓，與生的或煮熟的番茄。勿吃柿、葡萄、胡桃、梅實、與堅果。

穀物：麩皮麵包或裸麥麵包，每餐一片。吃麩皮餅乾，亦很有效用。

菜蔬：蕪菁、卷心菜、芹菜、扁豆、胡瓜、蘿蔔、白菜等各種菜蔬勿吃甘薯。

雜食：酪漿、已撇去乳皮之牛乳、奶油、咖啡。

能力需要

日常飲食的營養，超過體內的需求，能使身體胖碩，不足，能使身體羸弱，都不相宜，於是應先知道一日所需的飲食卡數量，逐後再選食適當的食物。因爲各人所操的職業不同，所需的卡量也有下面的不同。

職業	每日所需卡量
男子	
事務員	二四〇〇——二八〇〇

裝訂書籍之工人	二四〇〇——二八〇〇
皮匠	二五〇〇——二九〇〇
木匠與泥水匠	二七〇〇——三二〇〇
鐵匠	二九〇〇——三三〇〇
漆匠	二九五〇——三三五〇
農夫	三二〇〇——四一〇〇
勞工（加扛夫掘路工人等）	四一〇〇——五〇〇〇
木場工人	五〇〇〇——以上
女子	
縫紉婦	一八〇〇——二一〇〇
教員	二〇〇〇——
打字員	二〇〇〇——
家庭僕役	二三〇〇——二九〇〇
洗衣婦	二六〇〇——三四〇〇

保姆	二八〇〇——三〇〇〇
兒童（男兒與女兒）	
年齡（實足）	
一——二歲	一〇〇〇——一二〇〇
二——五歲	一二〇〇——一五〇〇
六——九歲	一四〇〇——二〇〇〇
（女兒）	
十一——十三歲	一八〇〇——二〇〇〇
十四——十七歲	二三〇〇——二六〇〇
（男兒）	
十一——十三歲	二三〇〇——三〇〇〇
十四——十七歲	二八〇〇——四〇〇〇

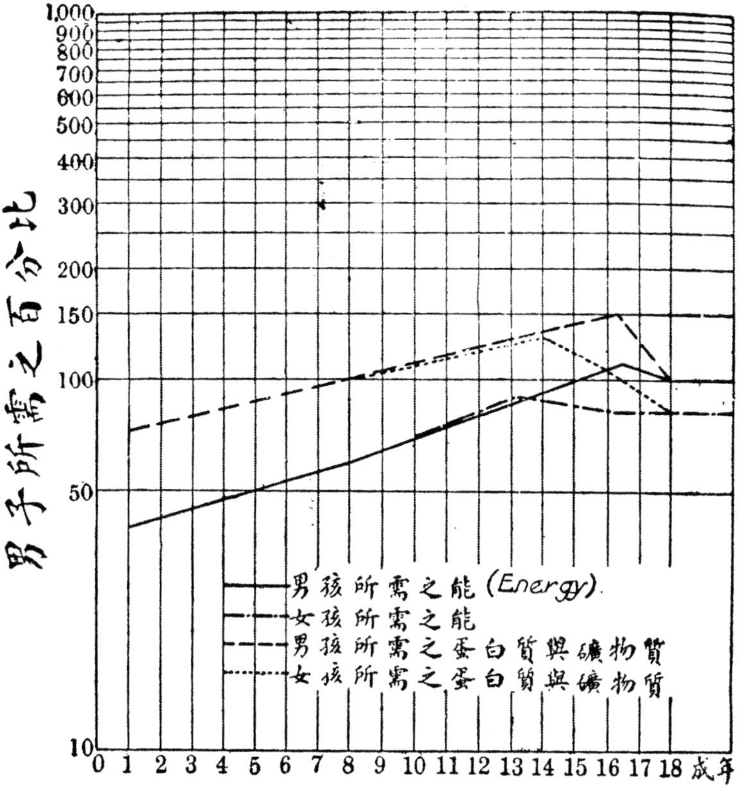

已知所需的卡，參閱第二十與二十一章的食物價值表，便可算出各人日常飲食的卡是多少？不過這不是必需的，因爲我們的體量，便是我們飲食卡是否適當的表證，所以無須預計飲食的適當能力，而後進用。

下面的表，能幫助我們推算日常的卡需量。表中的數字，大都可由以十六乘體量而獲得。

至於中間體量所需的卡數，乃可計算，即體量在五五至一〇二磅

身體靜止時根據體長與體量所需之卡數量表　體量　(磅)

體長	55	66	77	88	99	110	121	132	143	154	165	176	187	198	209	220	231
80(吋)	……	……	……	……	……	……	1735	1801	1858	1914	1971	2027	2084	2131	2178	2225	2273
78	……	……	……	……	……	1631	1697	1763	1820	1877	1933	1990	2046	2093	2141	2188	2235
76	……	……	……	1471	1537	1603	1669	1735	1792	1848	1905	1961	2009	2056	2103	2150	2197
74	……	……	……	1443	1509	15 5	1641	1697	1754	1811	1867	1924	1971	2018	2065	2112	2159
72	……	……	……	1405	1481	1547	1613	1669	1726	1782	1839	1886	1933	1980	2027	2075	2122
70	1122	1207	1282	1377	1443	1509	1575	1631	1688	1745	1801	1848	1895	1943	1990	2037	2084
68	1103	1188	1263	1348	1414	1480	1537	1594	1650	1707	1754	1801	1848	1895	1943	1990	……
66	1075	1160	1235	1320	1386	1452	1509	1565	1622	1679	1726	1773	1820	1867	1914	1952	……
64	1056	1141	1216	1292	1358	1414	1471	1528	1584	1631	1679	1726	1773	1820	1867	……	……
62	1028	1113	1188	1254	1320	1377	1433	1490	1547	1594	1641	1688	1735	1782	……	……	……
60	1000	1084	1160	1226	1282	1339	1396	1452	1509	1556	1603	1650	1697	……	……	……	……
58	971	1056	1131	1198	1254	1311	1367	1424	1472	1518	1565	1613	……	……	……	……	……
56	943	1028	1103	1169	1226	1282	1339	1386	1433	1481	……	……	……	……	……	……	……
54	915	1000	1075	1132	1188	1245	1301	1348	1395	……	……	……	……	……	……	……	……
52	896	981	1047	1103	1160	1216	1273	1320	……	……	……	……	……	……	……	……	……
50	877	952	1018	1075	1132	1188	1235	1282	……	……	……	……	……	……	……	……	……
48	858	924	981	1037	1094	1150	1197	……	……	……	……	……	……	……	……	……	……

之間的，每加重一磅，加七卡，在一一〇至一五四磅之間的，每加重一磅，加五·五卡，一五四磅以上的，則每加重一磅，加四又二分之一卡。

有適度運動的人，其卡的需量，則於表中所列之數字再加半。

由體量計算一日食糧的簡單公式

若體量約合於體長的需要數量，則一日食糧，可由下面的簡單公式求得，即體量每磅需蛋白質八分之一克（爲一又三分之一卡）這分量普通認爲已能應合生理的需要，惟有的權威，以爲此蛋白質量猶過小。計算的方法爲：

蛋白質：　體量乘一又三分之一。

脂肪：　蛋白質卡乘四。

碳水化物：　脂肪卡乘二。

舉例，試計算體量一百五十磅所需之一日食糧。

蛋白質：（一五〇乘一又三分之一）　二〇〇卡。

脂肪：（二〇〇乘四）　八〇〇卡。

碳水化物：（八〇〇乘二）　一六〇〇卡。

總數　二六〇〇卡。

體量適均的人食物的需量，可用體量磅數，乘每磅所需之卡數獲得經過縝密的試驗，不同年齡所需的卡數量如下：

年齡	每磅需卡
產後至一月	三〇
二月	四〇
三月	四一
四——六月	四三
七——九月	四〇
一——二歲	四〇

三——四歲	三七——四〇
五歲	三五——三七
六歲	三四——三五
七歲	三二——三四
八——九歲	三〇——三五
十——十二歲	二八——三二
十二——十三歲	二五——三〇
十四——十七歲	二〇——二五
成年	一六——二〇

體量過重的人，更當計算一日應吃的食量，逐漸使過重的體量減去，否則，永遠有過食的危險，因爲人們往往吃的比所需的要多。

人體肌肉，每磅卡價值爲一五〇〇，所以要減低體量一磅，必須於適常的飲食中，減去一五〇〇卡，或是由運動來減去。激烈運動，能用去三〇〇〇至四〇〇〇卡，有些足球員經過一次猛烈的比賽，體量竟失去數磅。

體量加增： 體量低下，卻是件嚴重的事，因爲瘦弱不是我們所盼望的，這是營養不足的表示，容易令人疑惑到爲染有肺癆的情狀。對於體量低下，發育的兒童比較成年人，應特別注意，體量過重，成年人比較發育的兒童應特別注意。發覺體量低下應即檢查有無疾病，如沒有使應增加睡眠與休養的時間，和充分的運動與呼吸新鮮空氣。如需要加增飲食的卡，可多吃脂肪食物，因爲同單位重量的食物脂肪供給的能力最大。多吃奶油、乾酪與和有乳酪的穀食物。時飲牛乳。更要緊的是所吃的東西須能激助消化程序與振進食慾，鑛物質與維生素便有這個效用，所以烹調食物時，勿使鑛物質與維生素失去。勿用水烹煮，勿去食物的皮。如不能選擇與烹調適當的食物可吃植物酵母與魚肝油與多量的水菓，以取得維生素，至於鑛物質可向醫生開配所需的鐵與其他鑛物質的服方。

四

下列兩點，可供一般體量低下與體量適當的人的參考。

1. 用於牛乳的費用，至少要與用於肉、魚、家禽的一樣多。

◎ 2.用於水菓與蔬菜的費用，至少要與用於肉、魚、家禽的一樣多。

胖碩飲食

水菓類：一切水菓，尤爲棗、柿、成熟之橄欖。

堅果類：一切堅果，尤爲杏實、胡桃、大胡桃(pecan)與花生。

乳汁：牛乳、乳酪、奶油、酪漿、乾酪。

穀類：一切穀物，尤爲米、麵包、粉糊(mush)、焦黃麵包片(zwieback)等。

蔬菜：一切蔬菜，尤爲馬鈴薯、甘薯、與青菜等。

第十六章 飲食之酸分與鹼分的均衡

飲食中酸分與鹼分的不均衡，最能引起各種病症，酸剩病(acidosis)便是日常飲食中酸分過多的結果。酸剩病的病狀是神經衰弱、智力低下、思慮混亂、昏靡思睡、抽筋、鈍滯與呼吸短促。

存在食物中的酸，有單獨存在的，有與其他物質混合的；單獨存在的酸，其食物便有酸味。單獨存在的酸，普通有檸檬酸、蘋菓酸、與酒石酸，檸檬、朱欒、蘋菓等水菓中都含有。其他的酸，如磷酸、硫酸、與鹽酸，多與鹼化合爲鹽，被吸入體內，故其食物沒有酸味。橘子內單獨存在的酸分量很小，對於身體的影響，卻爲鹼性的，這是因爲橘汁中有鹽存在的原故。弱酸與強鹼併合所成的鹽，實際在體內，發生鹼性影響，猶如混合兩種有色物混和物的顏色總是偏向最強一種的顏色的，所以強酸與強鹼併合，中和的鹽，對於身體的影響，是酸性的。假如鹼與酸的強度相同，結果所產生的鹽的影響，不爲酸性亦不爲鹼性。

通常的食鹽，是強酸鹽酸與強鹼鈉鹼併合的一個好例子。鈉鹼與檸檬酸弱酸併合，如於橘汁內的，在體內便是鹼性的。氯化氨（sal ammoniac）便是強酸鹽酸與弱鹼氨鹼併合的一個例子，這是酸性反應，溶解於水的溶液，其味乃酸。

在均衡飲食的酸分與鹼分，單獨存在的酸，如酒石酸、蘋菓酸、與檸檬酸等，可不顧及，因爲這些酸在體內很容易消失。我們要注意的，只是礦酸，如鹽酸、硫酸、或磷酸，這些酸常與鹼併合爲鹽，存在食物中。

食物在體內氧化，卽燃燒，而產生酸。體內不絕的在產生大量的酸，在賽跑的人，一分鐘能產生乳酸約半磅，這酸爲疲勞後的產物，含有毒質，其積存愈多，能致精神疲憊、呼吸短促、昏眠、食慾不振、無能力、鈍滯與死亡，故每產生卽應除去之。在體內未氧化的酸，由腎排出。血液的情況，可由檢查尿分來察究，尿分中含酸過多，很容易檢出。

保持身體於健康狀態，和有良好的抵抗病菌力，不但須均衡飲食的蛋白質、脂肪、碳水化物、鑛物質與維生素，亦須均衡其酸分與鹼分。又當妥善的維持鹼分的貯量。欲達到這點，須有適當量鑛物質的營養有些食物含酸過多，有些食物含鹼過多。食用酸性食物有益血液組織流體、與尿酸，食用鹼性食物，卻產生相反的效用。

尋常肉與卵，酸性很強，水菓與蔬菜，則爲鹼性。下面所舉的食物，都含酸特多，依着能供一百卡食物量所含酸多寡的順序，排列於後，旁註的數字，是表示該分量食物所含之酸量。

牡蠣	三〇・〇
魚	一〇・八
牛肉	一〇・〇
雛雞	一〇・〇
卵	七・五〇
火腿	五・五〇
豬肉	四・〇〇
吐綬雞	三・六〇

羊肉	三・三〇
研碎之燕麥	三・〇〇
麵包	三・〇〇
大麥	二・九〇
米	二・七〇
玉蜀黍	一・八〇
扁豆	一・五〇
乳酪	一・二〇
堅果	一・一〇

至於鹼性食物，患高血壓的人，需要最大。對於患腎臟炎的，與每個人，鹼性飲食，都很相宜。下面所舉的，都是鹼性食物，排列於含鹼質多寡的順序，旁註的數字。是能供一百卡的食物量所含的鹼量。

菠菜	一一三・〇
胡瓜	四五・五
芹菜	四二・一
白甜菜(chard)	四一・一
萵苣	三八・六
柿	三二・二
蕓薹	二九・八
番茄	二四・五
胡蘿蔔	二三・九
甜菜	二三・六
糖蜜	二〇・八
橄欖	一八・九

甜瓜	一八・八
卷心菜	一八・〇
花椰菜	一七・五
波羅	一五・七
橘汁	一四・三
罐藏豇豆	一三・〇
蕉莓汁	一三・〇
鮮豇豆	一二・九
檸檬	一二・三
鮮桃	一二・三
蠶豆	一二・〇
大豆	一二・〇

鮮杏子	一一·〇
罐藏桃	一〇·〇
蘿蔔	九·八
蕈	九·〇
西瓜	八·九
番薯	八·六
梅實	八·〇
鮮櫻桃	七·八
李	七·三
葡萄干	六·九
蕪菁	六·八
罐藏梨	六·四

菓露	六·一
酪漿	六·一
鮮蘋菓	六·〇
南瓜	五·七
梨	五·六
香蕉	五·六
甘薯	五·四
乾豆	五·〇
牛乳（撇去浮沫）	五·〇
葡萄汁	四·〇
蘆筍	三·六
栗子	三·二

棗	三・二
葱頭	三・一
葡萄	二・八
凝牛乳	二・七
牛乳（全盤）	二・六
小葡萄干	一・八
杏仁	一・八
罐藏豌豆	一・五
椰子	一・二
乳酪	〇・三

第十七章　均衡飲食

均衡的飲食，是含適當量脂肪、蛋白質、碳水化物、維生素、鑛物質酸分、和鹼分的飲食。關於這類的飲食，歐美有許多專門書籍，我國因爲研究飲食的人極少，此類書籍幾無一本，於是一般的人，對於均衡飲食的認識，便不很深澈，茲特說明一二選擇食物的簡單規條，以供參考。

日常選擇食物的方法

下面所說的方法，雖不完滿、但很切實。

把所有的食物分爲五大類，第一類爲鹼性類，此類的食物，能供給維生素甲與乙的營養，和尋常成年人一日所需的鈣素又約三分之二的磷素，一半的蛋白質與一半有餘的鐵素，又能供給勞作適度的人，一日所需能力的三分之一。

第二類包括蛋白質、磷、與鐵的其他食物。
第三類爲富於維生素丙，即抵抗瘋濕痹維生素的食物。
第四類爲含有鑛鹽、與維生素乙的食物。此類食物，尤宜多食。
第五類爲含磷與鐵特多的食物。

第一類——鹼性類

牛乳，每日最好進用兩次。
麵包、米玉蜀黍、或麵條，每日進用兩次。
卵，每日最好進用兩次。
番薯，每日最好進用兩次。
糠麸，每日進用一次。
粗製穀物，每日進用一次。
糖或其他甜食物，每日進用一次

奶油，每日進用三次。

第二類

這類食物，每日選食一種。

牛肉、豬肉、小牛肉、肝、牡蠣、乾酪、羔肉、羊肉、小雞、魚、卵、牛乳。

第三類

這類食物，每日選食一兩種。

橘、番茄、鮮豌豆、芹菜、卷心菜、蕓薹、檸檬、菠菜、葱頭。

第四類

這類食物，每日選食兩種至四種。

蘆筍、豇豆、鮮Lima豆、罐藏Lima豆、甜菜、胡蘿蔔、花椰菜、芹菜、玉蜀黍、胡瓜、罐藏豌豆、甘薯、菓露、蕪菁、蘋菓、香蕉、黑莓、越橘、甜瓜、櫻桃、朱欒、葡萄、桃、梨、波羅、李、藨莓、草莓、杏、柿、棗、梅、葡萄干。

第五類

這類食物，每星期選食一種。惟最好能食用三次至五次。

Navy 豆、乾 Lima 豆、乾豌豆、扁豆、花生、菠菜、蒲公英、白甜菜。

第十八章　兒童哺育

適當食物，對於兒童的重要，前面已經約略說過，現在要說一些關於兒童滋養比較確切的指示，至於詳細的指示，可參閱專門書籍。

母乳哺育

母乳哺育的嬰兒，發養最旺盛，死亡率比較用人造品哺育的兒童，要低得很多，所以未經醫生的同意，勿隨意斷棄母乳的哺育。

母乳爲最適嬰兒需求的食物，在生產後數星期內，母乳內更含有能避免瘟疫的物體，這種物體由母乳而傳至乳兒，加增乳兒避免疫疾的能力。人造哺兒品，便沒有這避疫物體。

母乳哺育的嬰兒，因爲其飲食唯一的取處，是乳母，所以乳母必須注意自己的飲食，否則，因一日或一餐飲食之疏忽，影響乳汁，轉而有傷嬰兒。通常，乳母的食物，以適宜嬰兒爲標準，最好乳母能每日飲牛乳與水各一夸脫。

乳母宜切避便祕，應多吃粗糙的蔬菜，如芹菜、菠菜、萵苣等，與大量水菓，如柿、梅等。又應有充分的睡眠，與呼吸充分的新鮮空氣。每日沐浴一次，曝露在日光下約半小時。在哺乳的最先幾個月，最好吃魚肝油，以保護自己與嬰兒。

有許多的乳母產乳不足，可於餐食時，吃堅果與麥芽製成的果物，以增加乳汁的產量，惟同時須多飲水，至小一日須飲水三品脫。

哺乳時間的規定

產後第二日： 每次哺乳，間隔四小時，二十四小時內，哺乳五次。（上午六點，十點，下午二點，六點，十點。）

第三日至第三個月： 間隔三或四小時，視嬰兒體量加增之情形而定。如嬰兒食慾強旺，可每隔三小時哺乳一次，否則，宜間隔四小時。

三小時間隔表：　哺乳六至七次（上午六點，九點，十二點，下午三點，六點，十點，如必須夜晚二點，更哺乳一次。）

四小時間隔表：　哺乳五至六次。（上午六點，十點，下午二點，六點，如必須，夜晚二點。）或上午六點，九點半下午一點，四點半，八點，夜晚十二點。

第三個月至第六個月：　間隔三或四小時，同時哺乳五次或六次，惟夜晚二點的一次可免去。

第六個月與六個月以後：　間隔四小時，哺乳五次時間同前之四小時間隔表。

嬰兒的食量：　這隨各嬰兒的體況而不同，通常是在嬰兒產後的第一星期，每二十四小時，哺給的食量爲十至十六兩。此後，根據嬰兒的體量而定，普通，每磅須每日哺給二至三兩。

不論母乳哺育或人造品哺育，哺喂的時間長短，非常重要，嬰兒的哺喂，不可過二十分鐘，因爲喂食過多，比喂食不足要更有害，如母乳過豐，又須截短哺喂的時間，而哺以水。

食物與發育表

嬰兒與幼童

年齡	體長(英寸)	體量(磅)	卡
產後不足二月	二〇・六	七・五	二二五
二月	二二・五	一〇・四	三七五
四月	二四・五	一三・二	五〇〇
六月	二六・五	一六・〇	七〇〇
八月	二七・五	一七・七	七五〇
十月	二八・五	一九・三	七七五
一歲	二九・五	二一・〇	八五〇
一歲半	三二・〇	二四・五	一、〇〇〇
二歲	三四・〇	二七・〇	一、〇七五
二歲半	三六・〇	三〇・〇	一、二〇〇
三歲	三七・五	三二・五	一、三〇〇
三歲半	三九・〇	三四・七	一、三五〇

四歲		四〇·五	三七·〇		一、四〇〇
五歲		四一·七	四一·〇		一、四七五
歲		四三·〇	四五·〇		一、五二五
七歲		四六·〇	四九·〇		一、六〇〇

嬰兒哺喂時間表

年齡	體量（磅）	二十四小時哺喂量（兩）	哺喂次數	每次哺喂量（兩）	一日卡量
產後不足一月	七	二〇	八	二·五	三五〇
一月	九	二四	六	四	四〇〇
二月	一〇·五	二八	五	五·五	四七五
三月	一二	三〇	五	六	五一〇
四月	一三	三二	五	六·五	五四五
五月	一四	三五	五	七	五七五

六月	一五	三六	五	七·二五	六一二
七月	一六	三七	五	七·五	六四〇
八月	一七	三八	五	七·五	六六〇
九月	一八	三九	五	八	六八〇
十月	一九	四〇	五	八	七〇〇
十一月	二〇	四一	五	八·二五	七二五
十二月	二一	四三	五	八·五	七五〇

兒童產後三個月，便應哺以菓汁，乳品哺喂的嬰兒，在這三個月內，由第七個星期起，就應哺以菓汁。菓汁與二份水和淡，每次哺喂，給以一二湯匙。

哺喂菓汁，應在上午九點一次的哺乳之前一個半小時，普通用橘汁或番茄汁。有時菓汁內須放入糖漿少些，使味甜，以引起嬰兒的食慾。第六個月以後，菓汁量便漸增加，至嬰兒最少每日飲一個橘子的汁量。

從第六個月起，嬰兒應喂以煮好的穀物，如研碎的燕麥，或其他全整穀實所煮的粥。這個哺喂須在規定的上午十點一次的哺乳之前。

剛在下午六點的一次哺乳之前，可喂以鬆脆麵包。

從第七個月起嬰兒除喂以果汁、穀物、鬆脆麵包之外，須更喂以濃的蔬菜湯。剛在下午二點的一次，哺乳之前喂湯一至六兩。這湯的製備，是沸煮胡蘿蔔、番茄、菠菜等於少量的水，並使濃厚卽成。

從第九個月起，湯內應加蔬菜漿，最適宜的植物爲胡蘿蔔、番茄、與菠菜。

每個嬰兒在一週歲之前，便應斷乳。西方普通在九個月以後，便開始斷乳。

嬰兒的斷乳

將近第九個月，可用牛乳以代母乳，如牛乳發生不消化的凝結物，可加入膠少些。近代趨勢，多用乳酸、檸檬汁或橘汁使牛乳酸化。母乳比牛乳要酸，牛乳經過這樣酸化後，便與母乳相近，並能幫助乳內蛋白質的消化，組成比較柔軟與容易消化的凝結物。牛乳用乳酸酸化的方法，是將乳酸八五種徐徐和於一升牛乳中，同時拌攪不已。

嬰兒哺喂牛乳，係將牛乳裝入乳瓶內供飲，如飲喝舒適而不作嘔，便繼續哺飲，至二三星期後，乃完全斷乳。有時，嬰兒不慣飲乳瓶中的乳，如此，可先裝以水、果汁與湯哺之，而後再換以牛乳，便無困難。

人造乳品的哺喂

代替母乳的東西有許多，如牛乳、煉乳、乳粉等，惟最好的是牛乳，可是從一頭牛取得的乳，所含的各種食物元素未能均衡適當，從一羣牛取得的乳，能調劑各種的不足。通常認爲飲用煉乳，不是最好的辦法，因爲煉乳含有蔗糖，比較麥芽糖或右旋糖容易醱酵，和難消化。近來多使用乳酸、穀糖漿、魚肝油的牛乳，極見功效。

新鮮牛乳不易獲得的時候，可暫代以乾牛乳，即蒸發過的牛乳。蒸發過的牛乳，未加甜料，煉乳已加糖使甜。煉乳的含糖量很高，容易使嬰兒胖碩，但這不能斷爲嬰兒健康的狀態，因爲糖能損傷嬰兒的牙齒，且容易發生其他的疾病。

分析母乳與牛乳的成分如下

	百分數
母乳	
蛋白質 (albumin)	一・二三
酪素 (casein)	○・五九
蛋白質總量 (protein)	一・八二
牛乳	
蛋白質(albumin)	○・五三
酪素 (casein)	二・八八
蛋白質總量 (protein)	三・四一

母乳與牛乳，含的成分相同，惟母乳富於脂肪，牛乳含脂肪少。用上層乳酪製造的母乳代替品，因為富於脂肪，而低於蛋白質，與母乳相近。上層乳酪是由擠後十六小時的牛乳一夸脫中取其浮面凝結物半兩的乳酪。歐美方面，已有一百餘萬兒童，飲用上層乳酸調製的乳品，獲效甚大。

不消化的脂肪

乳內脂肪過多，爲嬰兒不消化病的最大原因之一，嬰兒遇有不消化病，飲用的牛乳，便應將浮面的凝結物撇去，或用水將牛乳沖淡。

熱病時的哺喂

嬰兒發熱時，應減低蛋白質與脂肪食量，而加增碳水化物食量。方法，將牛乳用等量之水沖淡，加入一兩穀糖漿、乳糖、或麥芽糖。

一歲至二足歲嬰兒的食物

嬰兒產後的第二年，是嬰兒生命史中最重要的一個時期。在這一年中，有許多基本的變化開始，這是因爲由液體飲食變爲固體飲食的原故；在這時期內應養成食用均衡適當的飲食的習慣，否則，便永無養成的機會了。不應使食糖菓、甜食、或黏質特富的食物。兒童每有不喜吃某種食物的，便是因爲在這時期內，未能哺以適當的食物所致。普通在第二年與第三年，乳母對於嬰兒的哺喂，最易疏忽，因爲在這時期，乳母大多將孕生新兒，無形中失去照顧第一嬰兒的心緒。更有許多乳母，每喜將自己所吃的食物，一部分以予嬰兒，如所吃的食物是適當的，便還無妨，但是母親所吃的食物，大都是不適宜於嬰兒的，許多的疾病，與營養不足，抵抗病菌力薄弱等，都是因爲在這個時期內哺喂不愼所致的。

嬰兒特需的食物

牛乳：每日至少哺食一夸脫。

穀類：研究之燕麥、米麥精、大麥、芋類等，每日至少喂食一次。

蔬菜：豌豆、豇豆、胡蘿蔔、菠菜、芹菜、萵苣、蘆筍與甜菜，在第二年進用。午餐時進用上述蔬菜之一種或兩種。

卵：略煮的卵，於午餐時進用。

水菓：於橘汁之外，每日須進以橘漿、蘋菓、或梅漿。

水：充量哺以飲水。

十四個月後，嬰兒可照三餐表哺食。

麵包：哺食全麥麵包。

嬰兒宜避免的食物

哺喂嬰兒與幼童，宜避免下面的食物：煮硬的卵、乾酪、罐藏肉、豬肉、醃牛肉、鴨、鵝、火腿、豬心、豬肝、豬腰、與肉汁等。又乾魚、甲殼類（如蝦、蟹、龍蝦）與牡蠣等，亦應避免。堅實的麵包、麵食、甜餅、堅果、豆、鹽醃物、蘿蔔、胡瓜、芹菜、與任何成年人所不容易消化的蔬菜，都不應哺給。

嬰兒應避免的飲料

幼童不應飲茶、咖啡、或酒等有刺激性的東西，除非是用作醫藥的。

關於兒童的適當飲食，美國食品專家 Kellogg 博士的見議，足供一般人參考。

供二歲兒童食用的

早餐	兩	卡
香蕉羹	二	五六
小麥粉製品	三	三六
蜂蜜	三分之一	二五
牛乳	八	一五七
全麥烘烤麵包	二分之一	三四
奶油	八分之一	二八
總量		三三六
橘汁	三	四五

午餐		
番茄湯	三	三七
烘番薯	三	八九
菠菜羹	三	四一
麩皮麵包	二分之一	三四
奶油	四分之一	五六
牛乳	八	一五七
總量		四一四
橘汁	三	四五
晚餐		
牛乳	八	一五七
麩皮餅乾	一	七六
梅羹	二	七〇
總量		三〇三

一日總量	一〇五三

供六歲兒童食用的

	兩	卡
早餐		
柿餅	二	一〇四
麥粉湯（brose）	三	五三
全麥烘烤麵包	一	六八
奶油	八分之一	二八
牛乳	八	一五七
總量		四一〇
午餐		
扁豆湯	三	八七
香薯	三	八四

菠菜	三	四一
燉香蕉	四	一二四
麩皮麵包	一	六八
奶油	四分之一	五六
牛乳	八	一五七
棗	一	八九
總量		七〇六
晚餐		
全穀實食物	一	一〇二
牛乳	八	一五七
蘋菓	五	一六五
總量		四二四
一日總量		一五四〇

供十歲兒童食用的

	兩	卡
早餐		
橘汁	五	七二
燉葡萄乾	四	二六一
小麥粉製品（加糖麩少些）	二	一八〇
牛乳	八	一五七
總量		六七〇
午餐		
豌豆湯	五	九五
番薯	五	一一六
菠菜	四	五四
奶油胡蘿蔔	四	一二七
麩皮麵包	二	一三六
奶油	四分之一	五六

草莓漿	三	一二〇
牛乳	八	一五七
總量		八六一
晚餐		
番薯湯	五	六〇
蕪菁	四	七一
芹菜	二	一〇
全麥麵包	二	一三六
奶油	四分之一	五六
蘋果	五	九一
總量		四二四
一日總量		一九五五

表一

由生產至入學年齡之女孩體量——體長——年齡表

體長(英吋)	平均應有之體量(磅)	1月	3月	6月	9月	12月	18月	24月	30月	36月	48月	60月	72月
20	8	8											
21	9	9	10										
22	10½	10	11										
23	12	11	12	13									
24	13½	12	13	14	14								
25	15	13	14	15	15								
26	16½		15	16	17	17							
27	17½		16	17	18	18							
28	19			19	19	19	19						
29	20			19	20	20	20						
30	21½			21	21	21	21	21					
31	22½				22	22	23	23	23				
32	24					23	24	24	24	25			
33	25						25	25	25	26			
34	26½						26	26	26	27			
35	29						29	29	29	29	29		
36	30							30	30	30	30	31	
37	31½							31	31	31	31	32	
38	32½								33	33	33	33	
39	34								34	34	34	34	34
40	35½									35	36	36	36
41	37½										37	37	37
42	39										39	39	39
43	41										40	41	41
44	42½											42	42
45	45												45
46	47½												47
47	50												50
48	52½												52

表二

由生產至入學年齡之男孩體量——體長——年齡表

體長（英吋）	平均應有之體量（磅）	1月	3月	6月	9月	12月	18月	24月	36月	39月	48月	60月	72月
20	8	8											
21	9½	9	10										
22	10½	10	11	13									
23	12	11	12	14									
24	13½	12	13										
25	15	13		15	16								
26	16½		14	17	17	18							
27	18		15	18	18	19							
28	19½		16	19	19	20	20						
29	20½			20	21	21	21						
30	22			22	22	22	22	22					
31	23				23	23	23	23	24				
32	24½				24	24	24	25	25				
33	26					26	26	26	26	26			
34	27						27	27	27	27			
35	29½						29	29	29	29	29		
36	31							30	31	31	31		
37	32							32	32	32	32	32	
38	33½								33	33	33	34	
39	35								35	35	35	35	
40	36½									36	36	36	36
41	38										38	38	38
42	39½										39	39	39
43	41½										41	41	41
44	43½											43	43
45	45½											45	45
46	48												48
47	50												50
48	52½												52
49	55												55

表　三

入學年齡之女孩體量——體長——年齡表

體長（英吋）	平均應有之體量（磅）	5歲	6歲	7歲	8歲	9歲	10歲	11歲	12歲	13歲	14歲	15歲	16歲	17歲	18歲	體長（英吋）
38	33	33	33	33												38
39	34	34	34													39
40	36	36	36	36												40
41	37	37	37	37												41
42	39	39	39	39												42
43	41	41	41	41	41											43
44	42	42	42	42	42											44
45	45	45	45	45	45	45										45
46	47	47	47	47	48	48										46
47	50	49	50	50	50	50	50									47
48	52		52	52	52	52	53	53								48
49	55		54	54	55	55	56	56								49
50	58		56	56	57	58	59	61	62							50
51	61			59	60	61	61	63	65							51
52	64			63	64	64	64	65	67							52
53	68			66	67	67	68	68	69	71						53
54	71				69	70	70	71	71	73						54
55	75				72	74	74	74	75	77	78					55
56	79					76	78	78	79	81	83					56
57	84					80	82	82	82	84	88	92				57
58	89						84	86	86	88	93	96	101			58
59	95						87	90	90	92	96	110	103	104		59
60	101						91	95	95	97	101	105	108	109	111	60
61	108							99	100	101	105	108	112	113	116	61
62	114							104	105	106	109	113	115	117	118	62
63	118								110	110	112	116	117	119	120	63
64	121								114	115	117	119	120	122	123	64
65	125								118	120	121	122	123	125	126	65
66	129									124	124	125	128	129	130	66
67	133									128	130	131	133	133	135	67
68	138									131	133	135	136	138	138	68
69	142										135	137	138	140	142	69
70	141										136	138	140	142	144	70
71	145										138	140	142	144	145	71

年齡（歲）		6	7	8	9	10	11	12	13	14	15	16	17	18
平均體長（英吋）	矮小	43	45	47	49	50	52	54	57	59	60	61	61	61
	中材	45	47	50	52	54	56	58	60	62	63	64	64	64
	高大	47	50	53	55	57	59	62	64	66	66	67	67	67
平均年增（磅）	矮小	4	4	4	5	6	6	10	13	10	7	2	1	
	中材	5	5	6	7	8	10	13	10	6	4	3	1	
	高大	6	8	8	9	11	13	9	8	4	4	1	1	

表　四

入學年齡之男孩體量——體長——年齡表

體長（英吋）	應有之平均體量（磅）	5歲	6歲	7歲	8歲	9歲	10歲	11歲	12歲	13歲	14歲	15歲	16歲	17歲	18歲	19歲	體長（英吋）
38	34	34	34														38
39	35	35	35														39
40	36	36	36														40
41	38	38	38	38													41
42	39	39	39	39	39												42
43	41	41	41	41	41												43
44	44	44	44	44	44												44
45	46	46	46	46	46	46											45
46	48	47	48	48	48	48											46
47	50	49	50	50	50	50	50										47
48	53		52	53	53	53	53										48
49	55		55	55	55	55	55	55									49
50	58		57	58	58	58	58	58	58								50
51	61			61	61	61	61	61	61								51
52	64			63	64	64	64	64	64	64							52
53	68			66	67	67	67	67	68	68							53
54	71				70	70	70	70	71	71	72						54
55	74				72	72	73	73	74	74	74						55
56	78				75	76	77	77	77	78	78	80					56
57	82					79	81	81	81	82	83	83					57
58	85					83	84	84	85	85	86	87					58
59	89						87	88	89	89	90	90	90				59
60	94						91	92	92	93	94	95	96				60
61	99							95	96	97	99	100	103	106			61
62	104							100	101	102	103	104	107	111	116		62
63	111							105	106	107	108	110	113	118	123	127	63
64	117								109	111	113	115	117	121	126	130	64
65	123								114	117	118	120	122	127	131	134	65
66	129									119	122	125	128	132	136	139	66
67	133									124	128	130	134	136	139	142	67
68	139										134	134	137	141	143	147	68
69	144										137	139	143	146	149	152	69
70	147										143	144	145	148	151	155	70
71	152										148	150	151	152	154	159	71
72	157											153	155	156	158	163	72
73	163											157	160	162	164	167	73
74	169											160	164	168	170	171	74
年齡（歲）			6	7	8	9	10	11	12	13	14	15	16	17	18	19	
平均體長（英吋）矮小			43	45	47	49	51	53	54	56	58	60	62	64	65	66	
平均體長（英吋）中材			46	48	50	52	54	56	58	60	63	65	67	68	69	69	
平均體長（英吋）高大			49	51	53	55	57	59	61	64	67	70	72	72	73	73	
平均年增（磅）矮小			3	4	5	5	5	4	8	9	11	14	13	7	3		
平均年增（磅）中材			4	5	6	6	6	7	9	11	15	11	8	4	3		
平均年增（磅）高大			5	7	7	7	7	3	12	16	11	9	7	3	4		

發育兒童之食物圖表

（甲）

（乙）

乙圖飲食比較甲圖飲食為價廉，然同為完美之飲食。

兒童之平均總能力需量

年齡(歲)	卡總量(一日)
一——二歲	一〇〇〇——一二〇〇
二——五歲	一二〇〇——一五〇〇
六——九歲	一四〇〇——二〇〇〇
十——十三歲(女孩)	一八〇〇——二四〇〇
十——十三歲(男孩)	二三〇〇——三〇〇〇
十四——十七歲(女孩)	二二〇〇——二六〇〇
十四——十七歲(男孩)	二八〇〇——四〇〇〇

茲舉九歲兒童之一日飲食為例，以示選備兒童飲食應注意其能力價之適當。

早餐	
食品	卡
橘(一隻)	一〇〇
麵片(一)	一〇〇

牛乳（一杯）	一七〇
上層牛乳（十兩）	一〇〇
烘烤麵包（二片）	一〇〇
奶油（兩湯匙）	五〇
總　量	六二〇
午　餐	
羊排（2″×2″）	一〇〇
烘白番薯（一個）	一〇〇
粗黑麵包（二片）	一〇〇
奶油（二湯匙）	一〇〇
菠菜（半杯）	二五
烘印度布丁 baked Indian pudding（二湯匙）	二〇〇
加博士登（Postum）茶之牛乳（一杯）	一七〇
總　量	七九五

晚餐	
香薯(四分之三杯)	二〇〇
烘烤全麵包(二片)	一〇〇
奶油(一湯匙)	五〇
燉蘋菓(一杯)	一〇〇
燕麥甜餅(小)	一〇〇
總量	五五〇
一日總量	一、九六五

下面爲日常食物的卡量，即能力價值，可供檢查兒童飲食能力價值時之參考。

供一百卡

飲料	分量
可可	五分之一杯
牛乳(裝瓶的)	八分之五杯

沖淡之凝乳	八分之于杯
橘汁	一杯
水菓	
新鮮蘋菓	一大隻
蘋菓湯	八分之三杯
香蕉	一大隻
乾柿	一大隻半
橘	一大隻
鮮桃	中等大小者三隻
罐藏桃	一大隻與三湯匙汁液
鮮梨	中等大小者二隻
罐藏梨	一隻半與三湯匙汁液
鮮鳳梨	半分厚者二片
罐藏鳳梨	一片與三湯匙汁液

燉梅	梅實二隻與汁液二湯匙
葡萄乾	四分之一杯
鮮草莓	一又三分之一杯
肉類與魚(烹煮的)	
乾牛肉加乳酪的	三分之一杯
醃牛肉	一片 4″ × 3″ × 1[illegible]″
菜燉牛肉	五分之二杯
鱈魚圓	一個直徑五英吋
乳酪小雞	四分之一杯
牡蠣	六至十五
醃豬肉	二或三片
湯類	
燉牡蠣	中杯
青豌豆羹	三分之二杯

番薯	半杯
菠菜羹	五分之三杯
番茄羹	八分之三杯
麵包與餅乾	
蘇打餅乾	二小片
粗黑麵包	三片 $\frac{3}{8}'' \times 2'' \times 3\frac{1}{4}''$
白麵包	二片 $3'' \times 3\frac{1}{2}'' \times \frac{1}{2}''$
全麥麵包	二片 $2\frac{1}{2}'' \times 2\frac{3}{4}'' \times \frac{1}{4}''$
奶油烘烤麵包	$\frac{3}{5}$片
焦黃麵包	三片 $3\frac{1}{4}'' \times \frac{1}{2}'' \times 1\frac{1}{4}''$
糖菓	
奶油巧克力	一塊 $2\frac{1}{4}'' \times 1'' \times \frac{1}{8}''$
蜂蜜	一湯匙
白糖塊	二湯匙

穀類	
燕麥粥	一杯
蒸飯	四分之三杯
卵	
生卵	一個半
炒蛋	半杯
蔬菜	
奶油Lima豆	四分之一杯
豇豆	二杯半
甜菜	切碎者一又三分之一杯
胡蘿蔔	三至四吋長之嫩胡羅蔔四或五個
芹菜	四分之一英吋的四杯
萵苣	一大個
青豌豆	四分之三杯

烘白番薯	中等大小者一個
煮白番薯	中等大小者一個
煮菠菜	二杯半
罐藏番茄	一又四分之三杯
鮮番茄	中等大小者二或三個
雜食	
奶油	一湯匙
糖	二湯匙
花生油	二湯匙半

第十九章 疾病飲食

從常言「病從口入」的一語，便知道疾病與飲食有很大的關係，惟某種疾病應避免那些食物，和某種疾病，應延食那些食物，乃非一般人所能通曉，遂有一述的必要了。

腎臟炎與高血壓

患腎臟炎與高血壓的人，醫生大都會調節飲食，藉解除腸內腐爛情況，而減輕腎的負擔；惟這，須於日常飲食中免除肉與卵，和減低穀類食物的分量，又須進食番薯、水菓與蔬菜，必須時，可進用無害的緩瀉物質，如糠麩、海菜、鑛物油等。肉與卵廢除後，可食用乳，或特製的植物蛋白質食物，以供給此動物蛋白質。多選食鹼性的食物。

熱病

發熱的人，勿宜飢餓，因爲吃食不足，身體之組織、心臟、肌肉等，將受打擊。下面的食物很可取用。

水菓：各種菓汁與菓漿，尤爲橘汁與柿漿、梅漿。

穀類：各種穀類的粥與羹、烘麵包、與各種精糊穀物如米、餅乾、麥片等。

蔬菜；各種蔬菜羹、番薯湯、蔬菜湯、肉與菜煮合之湯。

雜食：酪漿牛乳、麥芽糖、麩質粥、乳糖。

腸痛

腸痛是指結腸的傳染病，有數種細菌能致腸痛，痢疾便是腸痛的一種。醫治腸痛的唯一方法，就是變換腸情況，換言之，除去腸內的病菌而恢復正常的細菌。這個專靠殺菌與消毒是不爲功的，要完成腸情況的變換，須做到下面的幾件事：

1.保持結腸清潔。每天用含一茶匙食鹽的熱水，洗滌結腸，早餐和食醫生所給予的洋紅(carmine)，便可知道結腸是否洗滌清潔。同時進用乳糖糊精(lactose dextrin)、牛奶糖、或類似的碳水化物，以保持結腸清潔，這些物質，能培養保護細菌的生長。

2.礦油、糠麩、海菜，應多食用，不食腐爛的食物。病未治痊前，勿進肉類，卵亦應避免。牛乳可間或用之，但以不食用為佳。

3.多吃萵苣、菠菜、卷心菜、新鮮水菓、與多子的水菓如藨莓、與紅醋栗。全粒的穀類食物與麵包亦應吃用。

糖尿病

糖尿病是一種很普通的病，尋常知道患糖尿病的人，不能吃糖與富於碳水化物的食物。患糖尿病人應吃那些食物，沒有一定，因為須經醫生化驗其尿而後配定的，所以僅能列舉一些普通的食物，以予一般讀者一個概念而已。

病人食相當量之糖，於二十四小時後，化驗其尿中所含之糖質，便可知道其能消用多少糖質與碳水化物。食麩皮麵包，以減低碳水化物量。不宜食用脂肪與肉，因爲體量過重，容易發生糖尿病。

酸剩病

酸剩病（hyperacity）是最通常的一種胃病，是胃內酸泌過剩，因爲食用蛋白質、蔗糖、糊精、澱粉、咖啡精、冰、菓酸、茶、醋、酪漿、酒精、食鹽、已調味的食物、過熱的食物過多，與吃食過急，食用過度，和便祕等的原故。在大都的情形，救治的方法是廢除肉類，刺激品，與上述的其他食物，而進用湯、羹、粥類等略需咀嚼的食物。

酸乏病（hypo=acidity）

這是胃內鹽酸分泌不足，通常由充分食用酸性水菓與減低脂肪量至不超過一兩一天來調治，同時設法糾正腸情況。體內酸分缺乏，殺滅細菌的能力也便減低，所以有酸之病的人更宜謹慎避免容易傳帶病菌的食物，如生卵、生乳、生肉、乾酪、不潔之水、未煮熟的食物等。

痢疾

首先食用蛋白質低的飲食，祇食用穀類的粥，每品脫加乳糖或糊精二兩。非至嚴重的病狀已過，勿吃肉、卵或乳汁。嚴重病狀已過，可食用蔬菜與肉煮合的湯羹，與甜而微酸的水菓如棗、香蕉等。每日服瀉藥，約數星期，又每日最好便解三次。

肝臟病(biliousness)

口頭無味、昏馳、便祕等情形，通常認爲是肝臟病的病狀，是因爲腎不活動的緣故。應暫時廢除肉類與卵，多吃酪漿、鮮蔬菜與水菓。每餐食糠麩二大湯匙。

變換腸情況

我人腸內有兩種細菌，便是酸酵菌與腐爛菌，酸酵菌與碳水化物起作用，產生所需的酸。腐爛菌與蛋白質起作用，產生毒素，而自行中毒 (auto-intoxication)，和更產生許多鹼性物質。腐爛菌佔強的時候，可進用培有 bugarian 桿狀細菌或 acidolphilus 桿狀細菌的乳汁、乳漿、酸乳等，使該菌的數目，超過原存的腐爛菌數目。

比較更有效驗的變換腸情況的方法，是食用蛋白質低的飲食，或能抵抗毒素的飲食，使腐爛菌飢餓，更進食乳糖與糊精的混合物，以培養能產生酸分的細菌。細菌情狀最嚴重的時候，非至舌胎清白，呼吸暢快與便泄已不稀爛，勿飲用乳汁。食清瀉的食物與服瀉藥，使每二十四小時須便解一次。早餐午餐後與睡眠前三次分吃乳糖與糊精的混合物九至十兩，然後減低其他的碳水化物食量。

便泄不稀爛，腸狀便已換正，但勿頓食蛋白質很多，因爲這樣，即能破壞數星期努力於建設腸內酸性情況的工作。腸情況完全變換後，乳糖與糊精混合物的食量，略可減少，並避免便祕。

泄瀉

泄瀉大都是因爲進用了含有微生物的水，和藏有微生物的乳汁、卵肉與水菓。豬肉中的 trachina 寄生蟲，亦能致此病。這個可用瀉藥與抗禦毒素和清瀉的飲食來處治。遇爲情狀嚴重，體溫高增的時候，可同治理痢疾一樣的方法來治理。

風濕病

口腔傳染病、齒病、與扁桃腺炎，有時亦爲風濕病的原因，不過這些大都是因爲飲食不合，致發生便秘與自行中毒。

治理風濕病，必須變換腸情況，與食用抗禦毒素與清瀉的飲食。有時減少飲食三分之一數日，亦有效用。

頭痛

變換腸情況，食用清瀉的飲食，酸性水菓亦每有效。避免茶與咖啡，每日飲三或四品脫淸水。

航海病

便祕、過食、尤其是吃富於養分的食物如肉、脂肪，容易患航海病，所以航行前，尤其在航行時，須避免便祕與自行中毒。遇爲風暴時，最好臥息，而略吃調煮淸淡的蔬菜、穀類食物、與水菓，多吃糠麩與其他的粗糙物。避免肉、卵、與脂肪。

肺炎(pneumonia)

食用發熱飲食，勿食鹽數日，勿吃卵、肉、與肉製品。多飲水。病後可吃些滋補的飲食，如富於鈣素與鐵鹽的食物。最好的滋補食物是全粒穀類食物，荳料植物如扁豆、豌豆、大豆等，蔬菜如菠菜、芹菜等；乳製品如牛乳、乳酪、酪漿、乾酪等，乳糖、蜂蜜、堅果、蔬菜湯、橘汁與檸檬、卵黃、棗與葡萄乾。

肺結核

△患肺結核病的人，通常應吃富於碳水化物、脂肪、維生素、鑛物質、與粗糙的食物。換言之，卽須特別選食脂肪與碳水化物均衡適當的飲食。奶油與乳糖亦可食用，必須時可先糾正腸情況而後吃牛乳，一至三品脫一日，勿過食避免過食蛋白質食物尤其是肉類。

皮膚病

各種的皮膚病，如濕疹與座瘡，大概可用飲食來控制，因爲這些與腸血液中毒症有關。有時或由於蛋白質極強感受性(anaphylaxis)，就是由於某種的飲食這種飲食大都是蛋白質一類的東西，而人身對於這種飲食的感應極強。有這樣性質的最普通食物，有牡蠣與其他貝介類、豬肉、羊肉、犢肉、草莓、蕎麥、卵、有時牛乳與番茄。

飲食應變換，以免便祕與自行中毒，並應請醫生斷診。患座瘡的，則應免除脂肪。有時醫治濕疹，尤爲嬰兒，卽通常的食鹽，亦應廢棄。

第二十章　飲水

人體內水分佔約百分之七十，身體的營養與食物的調理，都靠着水，所以水是日常生活不可缺乏的東西。水有井水、河水、湖水、和海水。

井水是受土地濾過作用的地底水，大概都清潔的。然因土地性質的不同，往往含有化學的不潔物質，和種種浮游物，所以未必都可作爲飲料的。

河水和湖水多由陸地的雨水下水等流入其中，加以投入的汚物，原來是很不潔，然因種種原因而自然清潔的。清潔的原因：（一）當水下流時，接觸空氣，受氧化作用，有機物因之分解；（二）當水流動時所含的物質，游離而沉澱成爲鎂石灰等；（三）水中的動植物等攝取有機物以爲營養，而植物又攝取碳酸，構成氧，使有機物養化；（四）細菌在水中因日光作用或被下等動物所攝取，漸歸於消滅。因此種種原因，河水和湖水自然歸於清潔，但不潔的究多，飲用時不可不用一定方法，預使清潔。

海水含鹽分極多，味很鹹，其他的鑛物質混雜其間的亦不少，這些物質，直接間接影響於我們的健康，所以不能作爲飲料。

飲水的衞生條件

1. 必須無色澄明，有色的，絕對不宜供飲用。
2. 必有適當的溫度（一〇度）及清潔。
3. 必須無臭，且無異味。
4. 水的反應必須中和性。
5. 水中不可含有種種異物，像食物殘渣、毛髮、和其他的物質等。
6. 必須無病原體。
7. 水中不可含有化學的物質，如水中含有多量石灰和鎂，水的硬度增高，飲用這種水，易生結石症，和胃腸病。

水的清淨法

1. 溷濁的水，可加石灰水使清淨，因石灰和水中的游離酸重碳酸化合物的碳酸相結合，而生沉澱，溷濁物質和這沉澱共行沉降，水便清潔。餘剩的石灰水，可通入硫酸氣，以降去之，上層的清水便可飲用。

2. 水中加入明礬，則生硫酸石灰，和氧化礬土等而沉澱，同時他種浮游物質和他共行沉降。平常一公升的水，加入明礬〇 二——〇・五%，至二十分時間，便可透明；但碳酸石灰含量過少的水，不十分澄清，且有容留明礬之味。

3. 不潔的水可用砂或木碳、石綿、骸碳等物質以濾過之，最良好的是張伯蘭(Chamberland)氏陶器濾過器。

4. 水有傳染病之虞的，宜用氯氣殺菌，一二小時後，再加亞硫酸鈉以中和之便可得無菌的水。

或一公升水中加入溴化鉀液（溴素二十公分，溴化鉀二十公分，水一百公分）〇・二立方公分，再用硇精水以中和之，水中的細菌也可撲滅。

5. 水中的鐵分，可先通水於骸碳層中，使它的鐵分變做不溶性氧化鐵，再用砂濾過便可除去。

6. 水的殺菌，最普通和便利的方法爲沸煮，含有多量有機物質的水，須沸煮二十分鐘，清潔澄明的水，至水沸騰便足了。

個人須飲的水量

普通，年齡愈小，須飲水愈多，所需的水量與體量成比例。嬰兒所需水量，應較成年的要大四倍。飲水不足，不能將體內的廢物由腎內沖出，便會發生頭痛與其他的疾病。每日須飲的水，除食物內含有的外，猶須飲用兩至四品脫，不進用食物的時候，水量便應增加，飲水不足，能阻止兒童的生長與發育。

飲水的時間

餐食的時候，不應飲水，因爲水能停止口腔內唾涎的分泌，而減低食物的消化。進食後二三小時，爲飲水最好的時間，下列的時候，更當飲水。

1.口喝，2.晨起，3.睡眠前，4.感覺滯澀或疲乏的時候，5.疾病時——發熱，受寒與一切嚴重傳染病，應飲多量的水。

冰水徐徐飲喝，無大妨礙，急速飲喝，則能停止胃的消化作用一二小時，亟應避免。

第二十一章　對於我國飲食的意見

一般的意見，我國人是地球上最能抵抗病魔，與耐受窮困和險難的民族，這個，如其說我國人有強好的體格，不如說我國人已習慣於這種境遇來得確切。實際上，我國人民的體力與進取能力，比較西方人民都差。我國人民的胸部，周圍狹小，活力較低，生存的競爭力亦低，如沙眼、肺癆等病，在我國很盛行，便可推見一斑，最明顯的便是死亡率高與生命短促。

我國人民的生存，大都依靠精製的穀類食物，如精白米與白麵粉等，不過可嗟異的，在我國由於飲食不足的疾病，並不很普通和嚴厲。美國人民的飲食，含穀實物比較我國的要少一半，所以因這層而生病的亦少。我國食品權威吳博士曾說我國飲食百分之九十而餘的能力，是取自植物性食物，美國則僅爲百分之六十，所以我國人民實際上大都是蔬食者。我國飲食與美國飲食，根本不同的地方，便是前者大部爲蔬菜，後者包括一大部分的動物性食物。

從下面幾個重要國家的都城，每日食用肉量的表內，可覘見各國攝取動物性食物的總量的一斑。澳大利亞消用肉最多，死亡率亦最低。英、美、法國次之，以下的國家，消用肉量的大小，與其國家的強盛程度相當。

諸重要國家都城每日消用之肉量

澳大利亞	三〇六克
美國	一四九
英國	一三〇
法國	九二
比國與荷蘭	八六
奧國南斯拉夫與捷克斯拉夫	七九
俄國	六九
西班牙	六一

意大利	二九
日本	二五
中國	二〇
朝鮮	五

其他的亞洲國家，如印度、緬甸、與安南等，以米爲主要食品，肉的消用極微，無確實統計的需要。

試參觀我國的菜場，第一個印象便是我國人吃植物較西方人多。吃大量的植物或蔬菜，果然能減少不少的極嚴厲的不足的疾病，不過單吃蔬菜與穀類的飲食，缺乏脂溶性維生素，食久生氣不足，體魄低小。

我國飲食的優點：

我國的飲食，包含大部的植物性食物，能力價值小而纖維素含量高，如筍、海藻、蔬菜之類。所以我國人民患便祕病的很少。至於動物性食物，則又包含動物的各部器官，如豬的肝、腰、肚、等，這些含鐵、銅、與維生素等調節因素，多吃是於身體有益的。美國的飲食，都拋棄這些現經研討的結果，也開始食用了。中國的烹飪方法，與美國最新的用蒸汽煮燒與無水煮燒的科學方法相近，食物並不去皮，並可不用大量的水沸煮，與煮熟後將水倒去，又煮燒蔬菜與其他植物的時間頗短，所以祇殺滅菜中的微菌，而不損害維生素，惟煮燒肉的時候很久，使肉爛而易消化，這或許有損維生素，不過在我國這最利於大量微菌產生的情形之下，這個卻是有利的。

改良我國飲食的意見

改良我國的飲食，同時應注意我國人民的經濟情況。我國的飲食，大半是精製的穀實物，所以鈣素不足，人民多發育不健全與身材矮小。我國飲食每日所含的有效蛋白質，不滿六十五克，較所需的最低限量（見第十四章）爲低。蛋白質與個人的進取心有關係，多吃則富於進取，所以我國人民大都是太安逸，無堅忍力，不進步，無企發心，不澈底與太容易滿足現狀。與蛋白質同時感覺不足的爲磷，蓋蛋白質是磷最好的取源之一，蛋白質不足，磷素便也不足。此外維生素也不足，因爲中國飲食中富於維生素甲的食物幾乎沒有，所有的脂肪與油，除豬油外，都是植物性取源的，這些脂肪和油，幾乎全體缺乏維生素甲。動物性油脂如牛脂、魚脂等，爲這種維生素的最優取源。牛乳、牛油、乾酪等，我國人食用的極少，更出人意料的是卵的食用量很低。我國產卵很多，每年輸出國外的很多，而自己卻不很食用。我國人攝取維生素甲，多自蔬菜，尤從菠菜，惟萵苣與番茄，亦爲主要取源，卻不很食用。可是所吃的菠菜，不足供給這種維生素，結果發生呼吸器官病與眼病。

我國飲食中所用的穀實物，大都爲精製的，所以又缺乏維生素乙。維生素丙的含量頗充足，因爲常食用卷心菜與豆芽。又因爲植物居多，所以脂溶性維生素甲與水溶性維生素庚不足。缺乏牛乳或牛乳的代替品，結果鈣素不足。

改良上述的幾點錯誤，吳博士有下列的見議：

1. 應增加卵的食用量。卵的養分極富，僅次於牛乳，既不能大量的飲用牛乳，便應將我國所出產的卵，留作自用，而停止輸出。

2. 應提倡食用全整或幾乎全整的穀實，因爲食用全整穀實，可改進維生素乙與鑛物質。減少食物的舂磨，外洋輸入的麵粉，精製的程度更高，應棄之。

3. 大豆與豆製品的食用應擴大。麥蛋白質的不足，應用大豆蛋白質補充。大豆量的加增，可改進維生素乙、鑛物質與蛋白質。

4. 食用植物，葉類植物尤應多吃。番茄與萵苣，亦應吃用。

5. 進用牛乳與奶油，最少在發育的兒童，應鼓勵進用。富有的人，應養成飲用牛乳的習慣。

幾種我國食物的成分

名稱	水分	蛋白質	脂肪	灰分	纖維素	碳水化物	卡
穀類							
稷	一〇·五	七·九	一·七	一·四	〇·一	七六·六	三六一
黃粟	五·六	九·七	四·一	一·一	一·五	二八·〇	三八八
紅稷	九·〇	九·五	四·七	一·九	一·八	七二·五	三七〇
白稷	一八·七	一一·九	六·〇	三·五	一·六	六四·八	七五二
子麻	二五	二一·九	六一·七	三·四	六·二	四·三	六六〇

麵粉	一三·六	一一·二	一·三	四·一	○·五	六九·三	三三四
麵筋	七四·八	二二·四	○·二	○·七	○·六	一·三	九七
荚豆							
黑梨豆	九·二	二二·六	二·一	三·五	四·二	三八·四	三四三
mung豆腐	八六·二	九·○	○·四	○·五	○·六	三·三	五三
mung豆漿	九五·五	二·一	○·四	○·三	○·一	一·六	一八
mung豆芽	九一·七	三·二	○·一	○·四	○·七	三·九	二九
mung豆澱粉(餅)	四三·二	○	○	○·二	○	五六·六	二二六
豆腐皮	六四·六	二○·三	七·四	三·四	○·一	四·二	一六五
燻豆腐	六六·八	一七·○	七·七	四·四	○·三	三·八	一五三
嫩豆腐	九四·四	三·三	一·二	○·六	○	○·五	二六
大豆(黃豆)	八·八	三九·二	一七·四	五·○	四·二	二五·四	四一五
大豆(大赤豆)	八·○	五一·三	一六·六	四·三	三·六	一六·二	四一九
大豆(小赤豆)	七·八	四九·八	一二·一	四·六	六·八	一八·九	三八四

大豆(綠豆)	六·四	三七·三	一八·三	五·〇	三·四	二九·六	四三二
豆腐	八六·二	八·四	三·〇	〇·九	〇·三	一·三	六六
豆腐乾	五三·五	二〇·九	九·五	八·九	〇·四	六·八	一九六
大豆粉	六·五	三九·七	一九·三	四·五	三·一	二六·九	四四〇
大豆漿	九二·六	三·七	一·二	〇·四	〇·一	二·〇	三四
黃豆芽	八一·九	九·一	一·六	一·一	〇·八	五·五	七三
綠豆芽	七七·〇	一一·五	三·五	一·三	〇·七	六·〇	一〇二
蔬菜水菓等							
慈菇	六六·〇	五·六	〇·二	一·六	〇·九	二五·七	一二七
冬筍	八九·二	三·七	〇·一	一·一	〇·七	五·二	三七
苦瓜	九四·五	〇·八	〇	〇·五	一·〇	三·二	一六
韭菜	八一·四	六·八	〇·五	〇·八	一·〇	九·五	七〇
藕	八六·六	一·七	〇·一	一·一	〇·八	九·七	四七
蓮子	八八·六	三·三	〇·四	〇·八	〇·七	六·二	四二

蕈	一〇・八	一六・二	〇	三・六	七・四	六二・〇	三一三
柿	八二・七	〇・七	〇・一	二・九	三・一	一〇・五	四六
文旦	八八・三	〇・八	〇	〇・三	〇・四	一〇・三	四四
紅皮橘	八六・五	〇・九	〇・一	〇・四	〇・二	一一・九	五二
荸薺	七六・四	一・四	〇・二	一・四	〇・六	二〇・一	八七
西瓜子	一〇・三	三〇・八	四四・七	四・七	三・八	五・七	五四八

最佳之鈣素食物（排列於含量大小之順序）

sargassum siliquastrum　sweet tangle

nostoc commue flagelliforme　lamminaria religiosa

赤豆　黃豆

綠豆　青菜

豆腐　醃菜
菠菜　red gram bean
乾豌豆　蠶豆

最佳之鐵素食物（排列於含量大小之順序）

nostoc commue flagelliforme　laminasia **religiosa**
sargassum siliquastrum　Sweet tangle
紅高粱　米
稷

最佳之磷素食物

黃豆　綠豆

薏苡(Job's tears)	赤豆
乾豌豆	大豆粉
mottled kidney bean	white gram bean
green mung bean	蠶豆
高粱	米
稷	

我國食物中之維生素

我國食物，有許多的，其維生素含量未曾測定，不過在維生素一章，可取獲維生素的食物，乃約略的說了。現在將知道已分析過的食物，特再提述一下。莢荳類、大豆、Lima 豆、梨豆等，為維生素乙之最優取源，為維生素甲之良好取源。蕈類亦然。大豆芽為維生素丙之良好取源。文旦為維生素甲之良好取源為維生素乙之優良取源為維生素丙之最優取源。紅皮橘為維生素丙之最優取源。

第二十二章 食物價值表

食物	一次進用量 重量(兩)	組織構建因素 調節因素 成年蛋白質	日常需量之百分數 鈣	日常需量之百分數 磷	日常需量之百分數 鐵	水分	粗糙物	生長與健康因素 維生素 甲	維生素 乙	維生素 丙	能力因素 卡之分配 蛋白質	卡之分配 脂肪	卡之分配 碳水化物	總量卡
乳汁與乳製品														
新鮮純牛乳	$8\frac{1}{2}$	11	43	15	4	⋮	⋮	+++	++	+?	34	88	48	170
酪乳	$8\frac{1}{2}$	10	37	16	4	⋮	⋮	*	*	*	28	11	46	85
稀乳酪	1	1	4	2	微	⋮	⋮	+++	+	+?	3	47	5	55
奶油	$\frac{1}{2}$	微	微	微	微	⋮	⋮	+++	⋮	⋮	1	99	⋮	100
冰淇淋	$5\frac{1}{3}$	4	14	6	1	⋮	⋮	+++	+	+	8	126	66	200

油脂														
橄欖油	2/5	:	:	:	:	:	:	:	:	:	:	100	:	100
棉子油	2/5	:	:	:	:	:	:	+?	:	:	:	100	:	100
牛脂模造牛酪	1/2	微	:	:	:	:	:	+	:	:	:	100	:	100
植物油模造牛酪	1/2	:	:	:	:	:	:	:	:	:	:	100	:	100
穀類														
麩	1	5	2	12	12	:	++	:	++	:	12	3	85	100
燒煮之研碎玉蜀黍	5	3	1	3	2	:	:	+?	+	*	8	4	63	75
燒煮之粗礰玉蜀黍飯	4 1/2	2	微	1	1	:	+	:	++	*	6	1	63	70
燒煮之燕麥粉	4	6	1	3	3	:	+	+?	++	:	9	8	33	50
蒸煮之黃米飯	2 2/3	4	微	4	4	:	+	+	++	:	5	6	59	70
蒸煮之白米飯	2 2/3	2	微	1	1	:	:	:	:	:	6	1	63	70
燒煮之筒麵	2 1/2	3	微	微	1	:	:	:	+?	:	7	1	42	50
白麵包	1/2	2	1	1	1	:	:	:	+	:	5	2	33	40

粗黑麵包	$\frac{2}{3}$	2	1	2	3	⋮	+	+	++	⋮	6	2	27	35
肉家禽魚卵														
焙熟之瘦牛肉	$2\frac{2}{5}$	24	1	12	17	⋮	⋮	⋮	+?	+?	58	82	·	140
炸犢肉片	$2\frac{2}{5}$	23	1	11	16	⋮	⋮	⋮	+?	+?	54	81	⋮	135
炙羔肉	$1\frac{4}{5}$	14	1	7	10	⋮	⋮	⋮	+?	+?	41	59	⋮	100
焙羔排	$1\frac{3}{5}$	14	1	8	10	⋮	⋮	⋮	+?	+?	40	60	⋮	100
炙羊肉	$1\frac{1}{5}$	12	1	6	8	⋮	⋮	⋮	+?	+?	33	67	⋮	100
焙羊排	$3\frac{3}{5}$	34	2	18	24	⋮	⋮	⋮	+?	+?	94	166	⋮	260
焙醃豬肉	$\frac{1}{2}$	5	微	2	3	⋮	·	*	*	*	13	87	⋮	100
焙火腿肉	2	16	1	9	11	⋮	⋮	*	*	*	45	110	⋮	155
焙牛肝	$2\frac{4}{5}$	22	1	12	16	⋮	⋮	++	++	+?	62	38	⋮	100
炙雞雛	$1\frac{3}{5}$	18	1	10	13	⋮	⋮	⋮	+?	+?	51	49	⋮	100
焙魚	4	28	3	15	7	⋮	⋮	⋮	+	⋮	83	52	⋮	135
生牡蠣	$5\frac{1}{2}$	13	12	16	44	⋮	⋮	*	*	*	37	18	20	75

卵	$1\frac{3}{4}$	10	5	6	10	⋮	⋮	+++	+	⋮	28	47	⋮	75
卵白	1	5	1	微	微	⋮	⋮	⋮	⋮	⋮	14	⋮	⋮	14
卵黃	$\frac{3}{4}$	5	4	6	10	⋮	⋮	+++	+	⋮	14	47	⋮	61
蔬菜類														
煮蘆筍	$1\frac{1}{2}$	1	2	1	3	⋮	+	*	++	*	3	1	6	10
煮鮮豆	2	6	3	5	9	⋮	+	*	*	*	16	4	50	70
煮乾豆	2	6	2	5	11	⋮	+	*	*	*	17	3	60	80
煮青豆	$1\frac{1}{4}$	1	3	1	3	⋮	+	++	++	+	3	1	11	15
煮甜菜	3	2	4	3	4	⋮	+	⋮	+	+?	6	1	33	40
生卷心菜	$1\frac{1}{8}$	1	2	1	2	⋮	+	++	+++	+++	2	1	7	10
煮胡蘿蔔	3	1	7	3	3	⋮	+	++	++	+?	3	3	29	35
煮花椰菜	$2\frac{1}{5}$	2	13	3	3	⋮	+	+	++	*	4	3	13	20
塘蒿	1	微	3	1	1	⋮	+	*	++	*	1	⋮	4	5
胡瓜	$1\frac{3}{5}$	1	1	1	1	⋮	+	*	*	*	2	1	7	10

煑南瓜	3	2	3	1	4	:	+	*	*	*	6	4	35	45
煑菠菜	$4\frac{1}{5}$	3	8	4	20	:	+	+++	+++	+++	2	2	16	20
煑蕓薹	$2\frac{4}{5}$	2	9	3	:	:	+	:	++	+++	4	1	30	35
煑甘薯	4	2	3	3	3	:	+	++	+	*	7	6	97	110
煑白番薯	4	3	2	2	8	:	+	+	++	+	8	1	66	75
煑青菽	$3\frac{1}{3}$	2	1	3	4	:	+	*	*	*	6	2	17	25
煑乾豌豆	$3\frac{1}{2}$	12	6	12	16	:	+	+	++	:	40	4	96	140
罐藏豌豆	$2\frac{1}{4}$	5	2	4	6	:	+	*	*	*	13	2	35	50
煑鮮豌豆	$1\frac{3}{4}$	5	2	4	6	:	+	+	++	+++	14	2	34	50
花生	$\frac{3}{5}$	7	2	5	3	:	:	+	++	*	19	63	18	100
葱頭	$3\frac{3}{5}$	5	5	3	3	:	+	*	++	++	7	3	40	50
萵苣	$2\frac{1}{3}$	1	4	2	6	:	+	++	++	+++	2	:	8	10
煑扁豆	$3\frac{2}{3}$	12	6	10	20	:	+	*	++	*	36	4	80	120
煑蒲公英	4	4	17	6	21	:	+	++	++	+	11	10	49	70

番茄	4	2	2	2	3	⋮	+	++	+++	+++	4	3	18	25
番茄汁	4	2	2	2	3	⋮	⋮	++	+++	+++	4	3	18	25
煮蕪菁	$2\frac{1}{4}$	1	5	2	2	⋮	+	+?	++	*	3	1	16	20
新鮮水菓	5	1	1	1	2	⋮	+	*	+	+	2	2	61	65
生蘋菓														
香蕉	4	1	1	2	3	⋮	+	*	+	+	4	4	62	70
黑莓	6	3	4	4	7	⋮	+	*	*	*	9	15	76	100
越橘	$1\frac{1}{2}$	微	1	微	3	⋮	+	*	*	*	1	2	32	35
甜瓜	9	1	3	1	2	⋮	+	*	*	*	3	⋮	47	50
櫻桃	1	微	1	1	1	⋮	+	*	*	*	1	2	22	25
朱欒	8	1	6	3	4	⋮	+	*	++	++	7	4	89	100
葡萄	$3\frac{2}{3}$	2	3	2	2	⋮	+	*	+	+	5	15	80	100
檸檬汁	$\frac{1}{2}$	⋮	1	⋮	⋮	⋮	⋮	⋮	++	+++	⋮	⋮	5	5
青橄欖	$\frac{4}{5}$	微	3	微	3	⋮	+	*	*	*	1	41	8	50

橘	7	2	10	2	2	⋮	+	+	++	+++	7	1	67	75
橘汁	4	1	5	1	1	⋮	⋮	+	++	+++	⋮	⋮	50	50
桃	3½	1	2	1	2	⋮	+	*	*	+	2	1	32	35
梨	3	1	2	1	2	⋮	+	⋮	+	*	2	3	45	50
鮮波羅	4	1	3	2	4	⋮	+	++	++	++	2	3	45	50
李	4	1	3	2	4	⋮	⋮	*	*	*	4	⋮	86	90
草莓	6	2	1	3	9	⋮	+	*	*	*	7	8	50	65
乾菓														
杏	1	2	3	2	2	⋮	+	*	*	*	5	2	63	70
棗	1½	1	4	1	8	⋮	+	*	*	*	3	10	122	135
無花果	3	5	21	7	18	⋮	+	*	*	*	16	3	261	280
梅	1½	1	3	3	7	⋮	+	*	*	*	3	⋮	97	1[illegible]0
葡萄乾	1	1	3	3	9	⋮	+	*	*	*	3	9	88	100
堅果	½	5	6	5	4	⋮	⋮	+	+	*	13	76	11	100

杏仁														
大胡桃	½	2	2	3	2	：	：	*	+	*	5	87	8	100
胡桃	½	4	2	1	2	：	：	*	*	*	11	82	7	100
糖食														
糖	½	：	：	：	：	：	：	：	：	：	：	：	60	60
蜂蜜	1	微	微	微	微	：	：	：	+	：	1	：	99	100
楓糖	1½	：	7	微	8	：	：	*	*	*	：	：	130	130
糖蜜	$\frac{4}{5}$	1	7	1	11	：	：	*	*	*	2	：	63	65
穀糖漿	$1\frac{3}{5}$	：	：	：	：	：	：	*	*	*	：	：	115	115

註：維生素項內諸符號之意義如下：

+++ 指該食物爲該維生素之最優取源。

++ 指該食物爲該維生素之良好取源。

\+ 指含有該維生素，但量不多。

+? 指該維生素有無不能定斷。

* 指該維生素猶未測定。

： 指不含該維生素。

書名：飲食與健康
系列：心一堂・飲食文化經典文庫
原著：【民國】張恩廷
主編・責任編輯：陳劍聰

出版：心一堂有限公司
地址/門市：香港九龍尖沙咀東麼地道六十三號好時中心LG六十一室
電話號碼：+852-6715-0840　+852-3466-1112
網址：www.sunyata.cc　publish.sunyata.cc
電郵：sunyatabook@gmail.com
心一堂 讀者論壇：　http://bbs.sunyata.cc
網上書店：　http://book.sunyata.cc

香港及海外發行：香港聯合書刊物流有限公司
地址：香港新界大埔汀麗路三十六號中華商務印刷大廈三樓
電話號碼：+852-2150-2100
傳真號碼：+852-2407-3062
電郵：info@suplogistics.com.hk

台灣發行：秀威資訊科技股份有限公司
地址：台灣台北市內湖區瑞光路七十六巷六十五號一樓
電話號碼：+886-2-2796-3638
傳真號碼：+886-2-2796-1377
網絡書店：www.bodbooks.com.tw
台灣讀者服務中心：國家書店
地址：台灣台北市中山區松江路二〇九號一樓
電話號碼：+886-2-2518-0207
傳真號碼：+886-2-2518-0778
網絡網址：http://www.govbooks.com.tw/

中國大陸發行・零售：心一堂
深圳地址：中國深圳羅湖立新路六號東門博雅負一層零零八號
電話號碼：+86-755-8222-4934
北京流通處：中國北京東城區雍和宮大街四十號
心一店淘寶網：http://sunyatacc.taobao.com/

版次：二零一四年十二月初版，平裝

定價：
港幣　九十八元正
人民幣　九十八元正
新台幣　三百六十元正

國際書號 ISBN 978-988-8316-10-6